T0092419

Hijos de la geometría

JOSEP BONFILL

Hijos de la geometría

EDICIONES OBELISCO

Si este libro le ha interesado y desea que le mantengamos informado
de nuestras publicaciones, escríbanos indicándonos qué temas son de su interés
(Astrología, Autoayuda, Psicología, Artes Marciales, Naturismo,
Espiritualidad, Tradición…) y gustosamente le complaceremos.

Puede consultar nuestro catálogo en www.edicionesobelisco.com

Colección Estudios y Documentos
Hijos de la geometría
Josep Bonfill

1.ª edición: enero de 2024

Maquetación: *Juan Bejarano*
Corrección: *M.ª Jesús Rodríguez*
Diseño de cubierta: *Enrique Iborra*

Edita: Ediciones Obelisco, S. L.
Collita, 23-25. Pol. Ind. Molí de la Bastida
08191 Rubí - Barcelona - España
Tel. 93 309 85 25 - Fax 93 309 85 23
E-mail: info@edicionesobelisco.com

ISBN: 978-84-1172-098-4
DL B 21911-2023

Impreso en Gràfiques Martí Berrio, S. L.
c/ Llobateres, 16-18, Tallers 7 - Nau 10. Polígono Industrial Santiga
08210 - Barberà del Vallès - Barcelona

Printed in Spain

Gracias a Pilar, con su paciencia infinita,
la verdadera columna que me sostiene sobre la tierra,
y a todas las personas que a lo largo de la vida
me han conducido hasta el surgimiento de este libro.

Nada hay verdad ni mentira.
Todo es según el color
del cristal con que se mira.

«Las dos linternas» (1846)
RAMÓN DE CAMPOAMOR

Reflexión preliminar

«Los números son Dioses». Esta sentencia, atribuida a la Escuela Pitagórica de la Magna Grecia (siglos -VI/-IV), sintetiza el antiguo nexo de la Matemática con la Metafísica.

Terminé de escribir este libro el 11/11/2022 → 1+1+1+1+2+0+2+2 = 10 → 1+0 = 1 → Unidad.

La revisión final me llevó hasta el 21/2/2023 → 2+1+2+2+0+2+3 = 12 → 1+2 = 3 → Trinidad.

Justo el día de mi aniversario número 68 → 6+8 = 14 → 1+4 = 5 → Pentágono, y también la Estrella Pentagonal o Pentagrama, esto es, la expresión geométrica de la Proporción Áurea.

En geometría plana, la Unidad es el Punto; la Trinidad, el Triángulo; y el Pentagrama, símbolo de la filosofía Pitagórica, la síntesis geométrica asociada históricamente a la figura humana.

Además, como veremos al analizar el espacio tridimensional, las cifras 6 y 8 son respectivamente el número de vértices internos y externos de la Estrella Tetraédrica, también conocida como Merkaba.

¿Y a dónde pretendo llegar con esta especulación numerológica?… Me explicaré.

He necesitado un tiempo, tras concluir esta investigación, para estar en condiciones de proponer una reflexión que abra las puertas a la aventura mental que significa comprender hasta qué punto somos Hijos de la Geometría. Una aventura que se ha extendido prácticamente durante tres años de mi vida, contabilizados de acuerdo al tiempo lineal que rige nuestra cotidianidad mundana.

Todo comenzó con una pregunta: ¿Puede la Geometría explicar la Vida?

Y bien cierto es que al principio apenas vislumbraba por dónde me iba a conducir ese afán, ni qué conclusiones iba a desvelarme. Sí, desvelar, porque escribir este ensayo ha sido como viajar a un país desconocido y remoto, un verdadero descubrimiento.

En ocasiones he pensado que este libro ha estado ahí desde siempre, y que tan sólo esperaba a ser sacado a la luz. En este sentido, más que autor me siento mensajero.

Y me atrevo a recomendar al eventual lector que lo acometa sin expectativas, dejándose llevar.

También debo incidir en que las notas a pie de página son parte importante del texto, y no es conveniente evitar su lectura.

Tomando prestado un término cinematográfico, diría que éste es un «libro secuencia», de modo que los temas enlazan cada uno con su siguiente, adquiriendo más complejidad a medida que la argumentación va desarrollándose.

Es preciso recalcar que el tema de la geometría aplicada a la Vida no es nuevo, ni mucho menos. Como he escrito justo al inicio de este prólogo, hace al menos 2600 años ya se estudiaba esa cuestión. Siglo y medio después, Platón (-427/-347) fundamentó su cosmología en las matemáticas y la geometría. Desde entonces, la ciencia, la tecnología, la filosofía y las artes han apoyado en buena parte su desarrollo asimismo en la geometría. Y conviene también destacar que recientes imágenes obtenidas a nivel celular reafirman, de forma inequívoca, la base geométrica en la biología de nuestro mundo.

Así pues, la particularidad de la investigación que aquí presento no estriba en su temática, sino en el enfoque teórico y las nuevas relaciones que afloran en ella.

No obstante, es posible que algunos lectores consideren poco verosímil la asociación de lo que entendemos como Vida a la mera geometría.

Esta incredulidad es comprensible, y una mirada convencional sobre el mundo que los seres humanos reconocemos dentro de nosotros mismos, pongamos por ejemplo el sistema nervioso, o el circulatorio, o la disposición y formas de nuestros órganos vitales: riñones, hígado, intestinos, pulmones, corazón, cerebro…, bien parece concluir que la geometría elemental no basta para describir la realidad.

Tampoco parece haber una geometría ordenada ante nuestros ojos cuando contemplamos un paisaje, ni sobre nuestras cabezas si elevamos la mirada al cielo nocturno, donde sólo apreciamos un caos de pequeñas luces sobre un inmenso y oscuro firmamento. Un caos que numerosas escuelas cosmológicas (científicas, filosóficas, esotéricas) han pugnado a lo largo de la Historia, y pugnan todavía por comprender.

Sin embargo, dentro de ese evidente desorden surgen formas minerales, vegetales y animales cuyas apariencias contienen gran cantidad de conceptos geométricos: simetría, paralelismo, radialidad, regularidad, proporcionalidad…, así como modelos arquetípicos recurrentes: formaciones arbóreas (neuronas, rayos, corales, raíces y ramaje de los árboles), reticulares (cristales de sal, panales de abejas…), radiales (agua cristalizada, flores…), vorticiales (desarrollo de la vegetación, huracanes, galaxias…). Incluso la propia imagen del cuerpo humano, contemplada de frente o de espaldas, es notoriamente simétrica y presenta un armonioso sistema de proporcionalidades, tal como evidenciaron el arquitecto romano Marco

Vitrubio (-80/-15) y especialmente el hombre renacentista por excelencia, el gran Leonardo da Vinci (1452/1519).

De hecho, la asimilación de los fenómenos naturales a la geometría es algo que ha sido ya muy investigado. En los años setenta del siglo xx, el matemático Benoît Mandelbrot (1924/2010), basándose parcialmente en estudios de un colega antecesor, Gaston Julia (1893/1978), acuñó un término crucial para la comprensión de multitud de procesos de nuestro entorno natural, así como para el desarrollo de la tecnología contemporánea. Se trata de la «Fractalidad», un concepto que se define como la cualidad de un objeto geométrico cuya totalidad resulta de repetir indefinidamente una parte del mismo, en distintas escalas, proporciones y orientaciones.

La geometría fractal propicia la comprensión de los procesos seriales complejos, y se ha convertido en una herramienta de investigación que ha permitido lanzar nuevas hipótesis prospectivas en múltiples disciplinas científicas, así como impresionantes logros en ingeniería y arquitectura.

Asimismo, la industria del cine y las artes plásticas en general se han visto enormemente influenciadas por la creatividad derivada de ese concepto que, como veremos, está continuamente activo, explícita e implícitamente, a lo largo de este ensayo.

Cuando un arquitecto comienza a esbozar un proyecto, lo hace trazando líneas sobre un papel, o sobre una pantalla de ordenador. En su cabeza bullen las ideas, y todas ellas contienen una base geométrica: rectas, círculos, polígonos…, y después prismas, pirámides, cilindros, conos, esferas, hiperboloides, espirales…, aunque finalmente el edificio pueda ofrecer una imagen muy compleja, donde esas geometrías queden ocultas o distorsionadas.

Pero no sólo en los edificios encontramos elementos geométricos básicos por doquier, sino también en la práctica totalidad de los objetos presentes en nuestra vida cotidiana.

En todo el diseño industrial dominan las formas geométricas y la simetría. En efecto, cuando salimos a la calle, las señales de tráfico, los logotipos de las empresas que vemos anunciadas en la publicidad vial, los elementos de mobiliario urbano: bancos, farolas, fuentes, papeleras…, todos muestran geometrías simples más o menos mixtificadas. Igualmente en nuestro entorno doméstico o laboral: los platos en los que servimos la comida, los vasos y copas donde vertemos nuestras bebidas, el mobiliario que utilizamos habitualmente: sillas, mesas, estanterías… Multitud de piezas y componentes de los vehículos (aéreos, marítimos y terrestres) mediante los cuales nos desplazamos, los dispositivos digitales que continuamente llevamos con nosotros… Todo ello surge de esquemas geométricos, y está repleto de iconos nacidos de la geometría. Iconos habitualmente bidimensionales, esto es objetos planos, muchos de los cuales, como se verá, son proyecciones de figuras tridimensionales, aunque incluso quienes los usan como símbolos no suelan tener conciencia de ello.

Y todos son producto de la mente humana. Por lo tanto, cabe deducir que esa mente piensa y crea geométricamente, y siendo el ser humano un elemento más dentro de un universo inabarcable, nuestro origen ha de ser también intrínsecamente geométrico.

Incluso, si se acepta que una mente universal crea la realidad, pienso que debe hacerlo mediante geometrías. Quizá ella misma sea pura geometría.

Unas geometrías perfectas habitan ahí, en el origen primigenio de la realidad, ocultas en una entropía multidimensional.

La pretensión del estudio que sigue a estas palabras es aportar alguna nueva luz sobre tan enrevesado tema.

JOSEP BONFILL
Febrero 2023

PRIMERA PARTE

ORÍGENES

Una memoria lejana

El profesor, tiza en mano, paseó su mirada en silencio por todos y cada uno de nuestros rostros cabizbajos, y dijo: «A ver, muchachos, ¿quién de ustedes se atreve a subir al estrado y dibujar un punto sobre la pizarra?»… En aquellos tiempos, la mesa del profesor se posicionaba sobre un entarimado de madera de alrededor de un pie de altura, de modo que el docente disponía de una visión panorámica sobre el alumnado, lo cual le permitía captar mejor cualquier anomalía en la disciplina del grupo.

Un nuevo curso académico acababa de comenzar. Yo estaba muy motivado con esa asignatura. Cosa extraña, puesto que la mayor parte de lo que trataban de inculcarnos nuestros maestros me era generalmente indiferente. Resultaba mucho más interesante imaginar lo que haría en cuanto sonara el timbre que señalaba la hora de salir al patio: desayunar y jugar un buen rato a la pelota.

Me levanté raudo de la silla, e irguiendo el índice de mi mano izquierda, exclamé: «Yo, Mr. Longlife», que así se apellidaba aquel hombretón orondo, de rostro bonachón y una voz de trueno que amedrentaba, más que por el tono, por su volumen. «¡A ver, usted! ¿Cuál es su nombre?…». «Joe», respondí sin pensar… «Joseph», rectifiqué de inmediato… «¿Y su apellido?…». «Goodson, señor…». «Dibuje un punto sobre la pizarra, haga el favor», dijo tajante Mr. Longlife, que por cierto acataba de buen humor la mayor parte de las ocurrencias que solían hacerse sobre su apellido. No me ocurría a mí lo mismo con el mío.

Con decisión, tomé la tiza entre mis dedos y presioné fuertemente con ella el encerado, hasta conseguir una insignificante manchita blanca sobre la negra pizarra. Al cabo de los años, los encerados pasaron a ser verdes, pero el yeso ya no se deslizaba por ellos con la finura de las auténticas pizarras negras.

«¿A usted le parece que eso es un punto?… ¡Pero si no es NADA!», atronó Mr. Longlife. Entonces todo mi ser se precipitó como un rayo sobre el ridículo puntito, y esta vez lo remarqué sólidamente, trazando círculos insistentemente sobre el mismo lugar, hasta conseguir una mancha blanca de varios centímetros, a mi modo de ver bastante apreciable sobre el negro fondo.

Mr. Longlife me miró con condescendencia mientras me arrebataba el resto de tiza que todavía quedaba entre mis dedos.

«¡Un punto es esto!», vociferó al tiempo que una amplia sonrisa se abría en su sonrojado rostro.

Y esto fue lo que dibujó junto a mi embarullada mancha blanca: ✚

Un silencio monástico invadió el aula. Nadie chistó. Si el profesor lo decía, por algo debía ser, aunque todos vimos lo mismo: un signo sumatorio, si bien algunos, presos de su tradición religiosa, tal vez vieran una cruz. En cualquier caso, nadie interpretó aquello como un punto, hasta que la magistral voz sentenció: «El punto es el lugar donde se encuentran los dos segmentos que he trazado».

Nadie discutió, por supuesto, aunque íntimamente me resultó sospechoso que algo fuera definido por un concepto superior; quiero decir, que no puede haber segmento si antes no se ha definido el punto. Pero en aquella situación el debate era impensable, así que lo reservé para mis disquisiciones internas.

A partir de ahí, Mr. Longlife se desbocó, y sin previo aviso dibujó otro punto a una cierta distancia del primero. El más cerrado silencio seguía dominando el ambiente. Acto seguido, tomó de su mesa un imponente compás de madera, que en el extremo de uno de sus brazos disponía de una cavidad para colocar en ella un trozo de tiza, mientras que el otro brazo terminaba en una agresiva punta metálica. Con una habilidad inesperada el veterano profesor fijó la punta metálica sobre el primer punto que él había trazado, extendió el otro brazo del compás hasta alcanzar el segundo punto, y apoyando firmemente sobre la pizarra trazó un espléndido círculo blanco que levantó en nosotros un unánime «¡Ooooohhhh!… Señores, esto es la base de toda geometría», dijo con orgullo, «y su nombre es Circunferencia». Por supuesto, jamás he olvidado esa escena.

No obstante, desde mi recién recuperada posición, diluido entre mis compañeros de clase, yo me preguntaba: «Si el Punto es NADA, ¿¡Cómo es que de él sale TODO!?… Algo tiene que haber ahí, siquiera sea la potencia para expandir ese todo… ¡Pero entonces ya no sería nada!». Esa paradoja estuvo dando vueltas en mi cabeza hasta que me explicaron, y comprendí, la fractalidad.

Pero será mejor que comencemos por el principio.

Semilla de la Vida

La Geometría Sagrada, o Geometría Natural, pone asimismo su foco en la Circunferencia como origen de todo lo que sigue (o su equivalente, el Círculo, es decir la superficie limitada por el perímetro de la Circunferencia).

La primera acción suele derivar en el desdoblamiento de esa circunferencia trazando otra igual a ella, desplazada verticalmente, de modo que el centro de la nueva circunferencia es tangente a la inicial.

La secuencia continúa trazando sucesivamente circunferencias idénticas a las anteriores, con sus centros en los puntos de intersección que se van generando sobre la circunferencia inicial.

Finalmente queda completada la denominada SEMILLA DE LA VIDA, un conjunto de siete elementos, formado por seis circunferencias que rodean a una circunferencia originaria.

Este trazado ha propiciado múltiples asociaciones tanto de orden geométrico como espiritual.

En cuanto a la vinculación de esa imagen y sus derivaciones geométricas como símbolos en las distintas culturas y religiones, entre otras podemos citar las interpretaciones habituales del Génesis de la Biblia, ilustrando su visión sobre la Creación del Mundo en 7 días, o los Vedas del hinduismo, con su definición de los 7 Mundos, y también, conjuntamente con el budismo, los 7 Chakras principales atribuidos al cuerpo humano.

Aritméticamente se asocia también al número 7 (6+1).

Asimismo, a partir de ella se generan otras geometrías:

El Hexágono Regular surge uniendo sucesivamente los centros de las circunferencias exteriores.

El Triángulo Equilátero aparece uniendo alternativamente los centros de tres de esas circunferencias, para lo cual existen dos opciones, que en su conjunto permiten trazar la Estrella Regular de 6 puntas.[1]

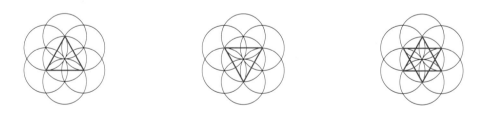

---

1. La religión del judaísmo y el Estado de Israel denominan Estrella de David a este símbolo, y lo tienen como su distintivo principal, si bien existen indicios del mismo en otras culturas antiguas, descubiertas en diferentes lugares de nuestro planeta: India, Japón, Mesopotamia, Egipto, Etiopía, Roma, Armenia…

Flor de la Vida

Continuando con el discurso tradicional de la Geometría Sagrada, la Semilla de la Vida se extiende en una segunda corona de circunferencias, posicionadas con sus centros en los puntos de intersección de las de la primera corona, según la secuencia siguiente, hasta completar 12 circunferencias más, que se suman a las 7 iniciales.

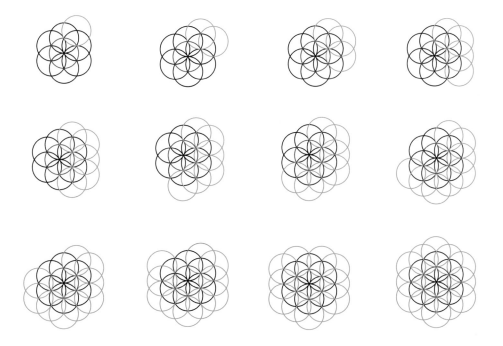

Por lo tanto el conjunto equivale a 7+12 = 19, es decir 1+9 = 10, esto es 1+0 = 1, la UNIDAD.

Esta geometría recibe el nombre de FLOR DE LA VIDA, y es representada con aspectos muy diversos, como por ejemplo:

Matriz de la Vida

El proceso anterior puede ser repetido sucesiva e indefinidamente, de modo que en la tercera corona aparecen 18 circunferencias, 24 en la cuarta, 30 en la quinta, 36 en la sexta, etc., sumando siempre 6 nuevas circunferencias a la inmediata precedente.

Veamos ahora cuál es el número de circunferencias que aparecen a medida que la Flor de la Vida se va expandiendo.

Partiendo de la Semilla de la Vida, en la ilustración adjunta se destacan la mitad de las circunferencias de cada corona, a fin de facilitar la comprensión del conjunto, de modo que para deducir el número total en cada una de ellas, basta multiplicar por 2 las que aparecen resaltadas.

Numéricamente el resultado es como sigue:

UNIDAD	1	circunferencia
1.ª corona	6	circunferencias
2.ª corona	12	circunferencias
3.ª corona	18	circunferencias
4.ª corona	24	circunferencias
5.ª corona	30	circunferencias
6.ª corona	36	circunferencias
7.ª corona	42	circunferencias

Hasta aquí alcanza el dibujo, pero expandiendo el proceso indefinidamente surge lo siguiente:

6   12   18   24   30   36   42   48   54   60   66   72   …

que resulta ser la serie numérica formada por todos los múltiplos pares del número 3:

2x3   4x3   6x3   8x3   10x3   12x3   14x3   16x3   18x3   20x3   22x3   24x3   …

y que reducida sumando las cifras de cada uno de ellos, ofrece la secuencia:

6   3   9   6   3   9   6   3   9   6   3   9   …

cuya matriz es   6   3   9,   lo cual conduce a 6+3+9 = 18, y finalmente 1+8 = 9
donde también cabe apreciar que la suma de las dos primeras cifras es igual a la tercera (6+3 = 9)

Volveremos a encontrar esta tríada en las páginas finales del presente ensayo, en las que se erigirá como una clave, no sólo numérica, sino también geométrica, para la comprensión de lo que denominamos Vida.

Analicemos ese mismo proceso acumulando en cada corona las circunferencias de todas las anteriores. Así obtenemos:

UNIDAD	1
1.ª corona	1+6 = 7 SEMILLA DE LA VIDA
2.ª corona	1+6+12 = 19 FLOR DE LA VIDA
3.ª corona	1+6+12+18 = 37
4.ª corona	1+6+12+18+24 = 61
5.ª corona	1+6+12+18+24+30 = 91
6.ª corona	1+6+12+18+24+30+36 = 127
7.ª corona	1+6+12+18+24+30+36+42 = 169

y así podríamos continuar indefinidamente…

La serie numérica obtenida es:

1   7   19   37   61   91   127   189   217   331   397   …

y puede ser analizada como sigue:

1 = 1
7 = 7
19 / 1+9 = 10 / 1+0 = 1
37 / 3+7 = 10 / 1+0 = 1
61 / 6+1 = 7
91 / 9+1 = 10 / 1+0 = 1
127 / 1+2+7 = 10 / 1+0 = 1
189 / 1+8+9 = 16 / 1+6 = 7
217 / 2+1+7 = 10 / 1+0 = 1

Por lo tanto la expansión de la Semilla de la Vida define la secuencia:

1 7 1 1 7 1 1 7 1 1 7 1 1 7 1 1 7 1 …
con matriz 1 7 1, lo cual finalmente conduce a 1+7+1 = 9

En consecuencia, desde la visión 2D, el número 9 puede ser considerado como la esencia de la MATRIZ DE LA VIDA.

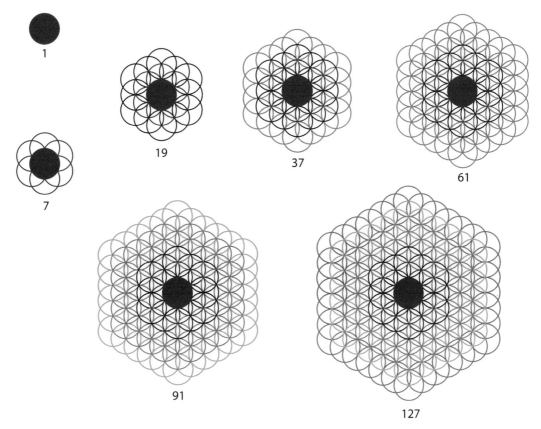

1

7

19

37

61

91

127

Fractalidad

 Observando atentamente el dibujo adjunto de la Flor de la Vida, vemos que hay en él una estructura gráfica que se repite indefinidamente.

Es ésta: El efecto producido por ese proceso reiterativo lleva por nombre FRACTALIDAD.[2]

Se trata de un concepto fundamental en geometría, y tiene aplicación en múltiples disciplinas, aparte de las matemáticas (arquitectura e ingeniería, artes plásticas y decorativas, música…). Existen también innumerables muestras de ello en la Naturaleza, desde la escala atómica hasta los niveles astronómicos.

Un objeto es fractal si su apariencia global está formada por la repetición de una o más de sus partes, siendo éstas de igual tamaño o variable, manteniendo proporciones estables o no, y constituyendo un conjunto complejo.

Veamos algunos ejemplos tomados de la Naturaleza:

Col Romanescu   Ramaje arbóreo   Agua cristalizada   Molécula de ADN
                                    (fuente: tumblr.com)   (fuente: rtve.es)

---

2. En el año 1975, el matemático Benoît Mandelbrot (1924/2010) acuñó el término «fractal» para referirse a determinadas geometrías que presentan una estructura básica, la cual, de forma más o menos fragmentada, se repite a diferentes escalas. Mandelbrot tomó esta denominación del latín *fractus*, que significa 'quebrado' o 'fragmentado'.

En un sistema fractal una parte del mismo contiene la misma información que cualquier otra parte mayor o menor que ella.

«Si solamente observamos la superficie, sólo vemos complejidad. No parece haber matemática ahí», decía Mandelbrot.

Y propuso «no pensar en lo que vemos, sino en el motivo que lo causa, y entonces apreciaremos que hay orden en el aparente caos».

Asimismo definió el término «autosimilitud», para expresar que la escala del fractal aumenta por la repetición indefinida de un patrón geométrico determinado.

También es posible producir el efecto de forma parcial, cuando sólo una parte del objeto es fractalizado.

Y en un mismo objeto pueden coincidir varias fractalidades distintas, dando lugar a un todo más complejo.

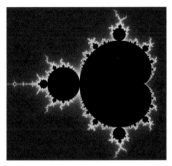

Conjunto de Mandelbrot
(fuente: wikipedia.org)

Por ejemplo, muchos de los célebres «mandalas» (o «yantras»), propios de la expresión artística y espiritual del hinduismo y el budismo, aplican frecuentemente la multifractalidad.

La geometría viene aplicando el concepto de fractalidad desde mucho antes de que este término fuera postulado.

En 1904, el matemático Niels F. Helge von Koch (1870/1924) propuso una configuración geométrica bidimensional, posteriormente conocida como Estrella de Koch, o también Copo de Nieve de Koch, considerada la primera formación fractal descrita matemáticamente.[3]

Se construye mediante la iteración de un conjunto de cuatro segmentos de igual longitud, dispuestos como se muestra a continuación, aplicando sucesivamente una rotación de +/-60º entre cada módulo y sus colindantes:

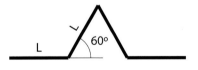

---

3. Las geometrías fractales, y entre ellas la formación de Koch, resultan de gran utilidad para describir estructuras de perfil complejo: cuencas hidrográficas, perfiles costeros, paisajes, ramaje arbóreo, redes neuronales, y también para la optimización de rutas de reparto de mercancías, entre otras aplicaciones.

El conjunto puede ser fractalizado indefinidamente sobre un patrón sucesivo de dos triángulos equiláteros configurados como una estrella regular de seis puntas.

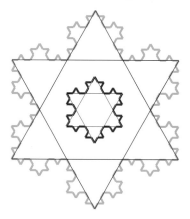

Unos años más tarde, el matemático Waclaw F. Sierpinski (1882/1969) desarrolló las «Curvas» que llevan su nombre, y en 1916 presentó la denominada «Alfombra de Sierpinski», que es la base 2D del conocido como «Cubo de Menger»,[4] así como el origen conceptual de las actuales antenas de los smartphones y otros dispositivos digitales, y también de los modernos códigos QR, profusamente utilizados hoy en día para almacenar datos.

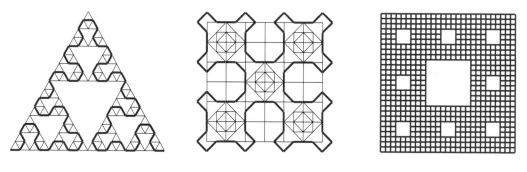

Curvas de Sierpinski   Alfombra de Sierpinski

---

4. En 1926, el matemático Karl Menger (1902/1988) alcanzó cierta popularidad al presentar el desarrollo tridimensional de la Alfombra de Sierpinski. Ese volumen es conocido como Cubo de Menger, o también «Esponja de Menger», nombre que recibe porque es posible fractalizarlo tridimensionalmente hacia su interior, generando espacios vacíos cúbicos cada vez más y más pequeños, en un proceso sin fin.

Nótese que eso ocurrió prácticamente 50 años antes de que Benoît Mandelbrot acuñara el término «Fractal».

La curva triangular de Sierpinski se traza sobre un patrón conocido lógicamente como Triángulo de Sierpinski.

No obstante, bien pudiera llevar por nombre «Triángulo de Trastevere», puesto que entre la deslumbrante geometría de los pavimentos de la Basílica de «Santa Maria in Trastevere», en Roma (un verdadero «festival» de simbología), el susodicho triángulo se encuentra bellamente plasmado en mármol de tres colores: grana, verde y blanco, ¡desde siete siglos antes que el matemático polaco naciera!

Lo cierto es que la fractalidad ha estado presente en todas las culturas conocidas, por lo tanto, desde muchísimo tiempo antes de haberle sido dado el nombre, y lo sigue estando actualmente.

Entre los ejemplos más antiguos cabe destacar el símbolo conocido como «Shri Yantra»,[5] que está documentado desde el siglo -VII, aunque posiblemente se remonte hasta 1000 o 1500 años antes.

Pero, si hay una cultura que ha usado la fractalidad de forma sistemática en la arquitectura y las artes decorativas, ésa es la tradición islámica: bóvedas y artesonados, mosaicos, baldosas y azulejos, estucos, vitrales y celosías, alfombras, marquetería, repujados, joyería...

No obstante, el arte islámico no tiene la exclusiva de la fractalidad, por supuesto.

Baste recordar algunos mosaicos romanos, o los pavimentos y arrimaderos en mármol o cerámica presentes en multitud de edificios desde la época medieval hasta nuestros días, o las baldosas decorativas de cemento hidráulico que se utilizaron profusamente en España desde mediados del siglo XIX y durante más de un siglo. También el diseño textil utiliza motivos fractales, y la música, y las artes plásticas, y...

Ahora bien, es en la Arquitectura, en todos los tiempos y culturas, donde la fractalidad surge desde su propia esencia genética. La simetría, la proporción, el ritmo, la modulación y otros argumentos propios del objeto arquitectónico conducen a fractalidades más o menos manifiestas. Algunos casos destacables, entre una infinidad de ellos, podrían ser los templos de Khajuraho en la India central (siglo -IX), la cúpula del Panteón en Roma (siglo II), Santa Sofía en Estambul (siglo VI), la Gran Mezquita de Isfahan en Irán (siglo VIII), las pirámides mayas en Chichén Itzá, Tikal, Palenque... (siglos VII/XII), las catedrales góticas europeas y sus extraordinarias vidrieras en París, Chartres, Milán, León, Colonia... (siglos XII/XV), las yeserías y mosaicos de la Alhambra de Granada (siglo XIV), el mausoleo del Taj Mahal en la India

---

5. El «Shri Yantra» es un mandala trascendental en la tradición védica, y posteriormente en el hinduismo, que se asocia a la creación del mundo mediante los principios femenino y masculino.

y el palacio de Versalles en Francia (siglo XVII), el Museo del Louvre (siglo XVIII) y la Torre Eiffel (siglo XIX) en París, el templo de la Sagrada Familia en Barcelona, el edificio Flatiron y la Torre Chrysler en la isla de Manhattan de Nueva York (siglo XX), el estadio Allianz Arena en Múnich (siglo XXI)…

Incluso los planes de desarrollo urbano de las ciudades suelen tener características fractales. Baste como ejemplo de ello el trazado del Ensanche de la ciudad de Barcelona (siglo XIX), ideado por el ingeniero Ildefons Cerdà (1815/1876), que bien parece inspirado en el patrón cuadrado de las curvas de Sierpinski, si no fuera por la salvedad que su proyecto es 60 años anterior al planteamiento del matemático.

En nuestra vida cotidiana coincidimos continuamente con la fractalidad. Los ejemplos son innumerables, célebres algunos, anónimos muchos otros, e invito al inquieto lector a encontrarlos por doquier.

Por lo tanto, es indudable que la mente humana conduce sus pensamientos a la materialidad a través de procesos de fractalización.

La mente humana es fractal

Algunas estructuras fractales similares entre sí se producen en realidades aparentemente muy distintas.

Por ejemplo, el desarrollo de los huracanes se asemeja al de las galaxias. Lo mismo sucede entre el ramaje de los árboles y el esqueleto de los corales o el sistema nervioso animal.

Existe una multitud de otros fractales en nuestra realidad física conocida, pero ese concepto también se encuentra en el pensamiento filosófico. La Kabbalah,[6] por ejemplo, concibe la forma del cuerpo humano como un prototipo tanto del macrocosmos como del microcosmos.

Galaxia
(fuente: Adobe Stock)

Huracán
(fuente: muyinteresante.es)

---

6. La Kabbalah es una escuela de pensamiento cuyos orígenes se remontan a los tiempos de la secta de los Esenios (siglos -II/I), y que desde el siglo XVIII se ha establecido como una enseñanza para la interpretación de la Torah, el libro sagrado del judaísmo.

Una definición más específica se encuentra en el *Kybalion*,[7] concretamente en el llamado «Principio de Correspondencia», la segunda de las siete leyes universales que ahí se proponen, y que se expresa así:

Como arriba es abajo
Como abajo es arriba
y habitualmente se complementa:
Como afuera es adentro
y también:
Como lo grande es lo pequeño

Independientemente de la interpretación espiritual de este axioma, es evidente que está aludiendo al concepto de Fractalidad (así llamaremos aquí a ese Principio Universal), y en un lenguaje más contemporáneo podría ser reducido a:

El Universo es fractal

De hecho, el desarrollo actual de la ciencia está disolviendo cada vez más las fronteras entre las disciplinas materiales del saber y las filosóficas, de modo que la abstracción matemática en general, y la geometría en particular, pueden establecer un muy consistente nexo de unión entre materialidad y espiritualidad.

---

7. *Le Kybalion* es el título de un libro publicado en lengua francesa en el año 1908, firmado bajo el seudónimo «Trois Initiés» (Tres Iniciados), que se presenta como un resumen de las enseñanzas de Hermes Trismegisto (El Tres Veces Grande), un personaje concebido como imagen sincrética del dios egipcio Toth y el dios griego Hermes. Se le atribuye la autoría del «Corpus Hermeticum», unos textos esotéricos que desvelan un conocimiento del Universo combinado entre los mundos material y espiritual. No obstante, los expertos más puristas del hermetismo no consideran el *Kybalion* como uno de sus textos referenciales, sino más bien como una mera divulgación popular.

El gran referente de la filosofía hermética clásica es conocido como «Pymander» o «Poimandres», quien en nombre de la «Mente Universal» revela a Hermes Trismegisto los secretos del origen del Mundo y la evolución del mismo.

Exponente destacado del hermetismo fue el teólogo y astrónomo Giordano Bruno (1548/1600), continuador de la obra de Nicolás Copérnico (1473/1543). Completó y superó el modelo heliocéntrico de este último, siendo el primer pensador en exponer que el Sol era una estrella más del firmamento, y que debía haber otros sistemas planetarios alrededor de esos otros soles. También defendió la idea de que el Universo es estable y eterno, por lo que no cabe lugar para pensar en una «Creación» del mismo, o en un «Juicio Final». Estas manifestaciones, entre otras muchas, le llevaron ante el tribunal del Santo Oficio (Inquisición romana) y a morir abrasado en la hoguera.

Semilla de la Vida 3D

Hasta ahora hemos adoptado una visión bidimensional (2D) de la geometría. No obstante, el espacio físico que los seres humanos percibimos es tridimensional (3D).

Si en lugar de considerar el origen del proceso de formación de la Semilla de la Vida en la Circunferencia lo hacemos en su equivalente 3D, que es la Esfera, el dibujo de partida es el mismo,

y la primera acción deriva entonces en dos esferas tangentes a sus centros respectivos, que representadas en plano, o proyección 2D, se pueden ver así:

y a continuación:

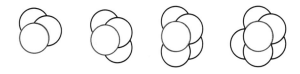

hasta completar el conjunto de nuevo.

La percepción del mismo resulta ser completamente distinta de la del dibujo trazado con visión 2D. Comparemos:

En lugar de 6 circunferencias que rodean a una central, ahora lo que observamos es un conjunto de 8 esferas, una de las cuales queda completamente oculta por efecto de la representación en perspectiva isométrica.

Esas 8 esferas son tangentes cada una de ellas a los centros de sus tres colindantes.

La vista frontal de todo ello en la dirección V es la siguiente:

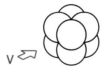

a) Sin ocultar líneas no visibles   b) Ocultando líneas no visibles

D | diámetro de las esferas

El conjunto puede ser inscrito en un Hexaedro, o Cubo,[8] cuyas aristas miden 1,5 veces el diámetro de las esferas.

---

8. El Hexaedro es el primero de los Sólidos Platónicos (en ocasiones denominados Sólidos Pitagóricos) que aparece en el presente estudio.

    Los cinco únicos poliedros convexos que es posible construir utilizando en cada uno de ellos un solo tipo de polígono regular, siendo iguales todos los ángulos determinados entre sus caras, se asocian habitualmente al filósofo ateniense Platón (-427/-347). No obstante, existe constancia de que eran conocidos, al menos en parte, desde los tiempos de la Escuela Pitagórica (siglo -VI).

    En el diálogo platónico titulado «Timeo», éste vincula cada uno de esos poliedros con un elemento fundamental de la Naturaleza, y en el Libro XIII de su gran obra *Los Elementos*, Euclides (-325/-265) formaliza la configuración geométrica de los mismos.

    Todos los Sólidos Platónicos tienen como característica común que el número de caras más el de vértices es igual al de aristas más dos.

    Esas figuras, todas las cuales surgirán aquí más adelante, no sólo forman parte de la enseñanza básica de la geometría, sino que también intervienen profusamente en las ciencias físicas, la arquitectura, la tecnología, las artes audiovisuales… Asimismo, aparecen vinculadas a la metafísica y la simbología de múltiples culturas, sea en su apariencia volumétrica, o en proyección bidimensional.

En proyección isométrica el perímetro de ese cubo aparece como un hexágono regular, y como un cuadrado en la vista frontal perpendicular a cualquiera de las caras del cubo.

D x 1,5

arista hexaedro

proyección isométrica

lado del cuadrado | D x 1,5

Una segunda vista frontal, esta vez perpendicular a cualquiera de las aristas del cubo, es como sigue:

a) Sin ocultar líneas no visibles   b) Ocultando líneas no visibles

D | diámetro de las esferas

Obviamente, desde esta nueva vista el conjunto también se inscribe en un cuadrado, cuyo lado también mide 1,5 veces el diámetro de la circunferencia de las esferas.

D x 1,5 | lado del cuadrado = arista del hexaedro

D

diámetro de las esferas

Observando el conjunto de modo que sea visible la cara inferior del cubo antes obtenido, la isometría muestra entonces el mismo hexaedro, pero invertido.

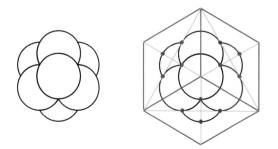

34

Sin embargo, existen otras formas de interpretar la geometría de este volumen.

Observando el crecimiento de los seres vivos a nivel microscópico, se aprecia que todo se desarrolla a partir de un centro.

Pensemos en los anillos de crecimiento del tronco de un árbol, en la apertura del capullo de una flor, en la estructura de cualquier fruto, en el desarrollo de un embrión humano, y tantos otros ejemplos que podríamos seleccionar en el mundo de la biología. También a nivel astronómico es así: las estrellas, las galaxias, todo surge de un lugar central originario.

En cambio, la anterior interpretación propuesta para la visión 3D de la Semilla de la Vida no responde a ese criterio, digamos «natural», puesto que la esfera origen acaba ocupando una esquina del hexaedro esférico obtenido, destacada a continuación en color cyan, en vistas isométricas inferior y superior.

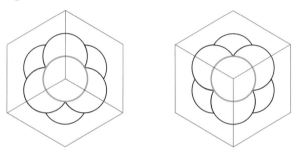

Para conseguir que la posición de esa esfera sea central en el volumen obtenido, basta proyectarla hacia el interior del hexaedro, hasta posicionarla en el centro del mismo.

Según esa visión, el número de esferas que el nuevo dibujo sugiere ya no es 8, sino 7.

Por lo tanto, se vuelve al esquema de la Semilla de la Vida 2D: seis elementos alrededor de uno central.

En el volumen que ahora surge, la esfera proyectada queda oculta en el centro de las otras seis.

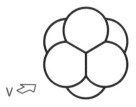

La vista frontal V de todo el conjunto es la siguiente:

a) Sin ocultar líneas no visibles   b) Ocultando líneas no visibles

De nuevo el conjunto puede ser inscrito en un cubo, pero esta vez las aristas miden dos veces el diámetro de las esferas.

En proyección isométrica el perímetro de ese cubo aparece como un hexágono regular, y como un cuadrado en vista frontal perpendicular a cualquiera de las caras del cubo.

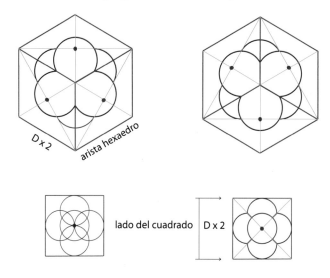

Una segunda vista frontal, esta vez perpendicular a cualquiera de las aristas del cubo, es como sigue:

a) Sin ocultar líneas no visibles   b) Ocultando líneas no visibles

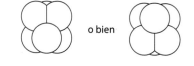

Desde esta nueva vista, el conjunto se inscribe en otro cubo, cuya arista mide aproximadamente 1,7 veces el diámetro de la circunferencia de las esferas.

≃ D x 1,7 | lado del cuadrado = arista del hexaedro

D

diámetro de las esferas

La relación entre los lados/aristas de cada uno de los cuadrados/cubos obtenidos queda ilustrada en el siguiente gráfico:

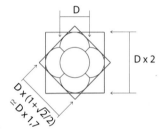

Cada una de esas 7 esferas puede ser inscrita en un cubo, ofreciendo así una nueva visión del conjunto.

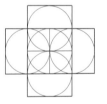

Las 6 esferas exteriores están dispuestas de modo que las rectas que unen cada par de centros opuestos respectivos (c_1/c_2, c_3/c_4, c_5/c_6) configuran un sistema ortogonal de coordenadas en tres dimensiones, cuyo origen se encuentra en el centro de la esfera inicial (c_0).

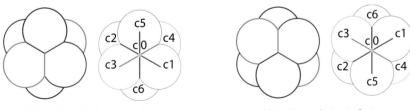

Vista isométrica superior   Vista isométrica inferior

El volumen obtenido ahora es una cruz formada por 7 cubos, cada uno de los cuales inscribe las 7 esferas que forman el conjunto. El cubo central queda oculto por los otros 6.

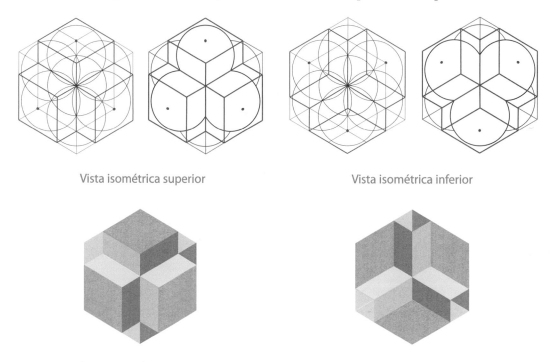

Vista isométrica superior   Vista isométrica inferior

Y eso me hizo recordar a mi viejo profesor Mr. Longlife…

…En efecto, sobre la negra pizarra él había dibujado una CRUZ como origen de toda geometría, y había dicho que el punto es el lugar donde se encuentran los dos segmentos que la forman.

¿Y qué es el volumen que acabamos de obtener analizando la Semilla de la Vida, sino un PUNTO?

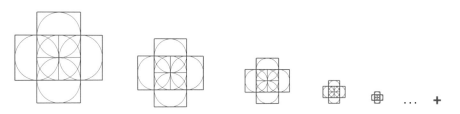

Hemos visto que esa cruz de cuatro puntas en 3D pasa a tener seis, y puede ser dibujada uniendo los centros de cada par de esferas opuestas contenidas en la Semilla de la Vida, en cuyo centro se encuentra la esfera inicial, que resulta ser lo que Mr. Longlife definió como PUNTO.

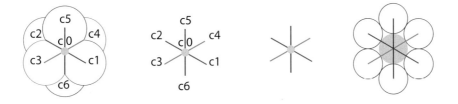

Por lo tanto, rememorando la lapidaria frase con la que nuestro esforzado profesor atronó el aula, digo:

¡UN PUNTO ES ESTO!   En efecto, es el lugar donde se encuentran los ejes de coordenadas 3D.

El PUNTO es el ORIGEN
El PUNTO es el VACÍO[9]

---

9. La cruz de tres aspas (o seis, si se considera el centro como punto divisorio) es uno de los símbolos fundamentales del cristianismo, adoptado por el emperador Constantino I «El Grande» (+272/+337) para la religión del Imperio Bizantino.

Los textos bíblicos del Antiguo Testamento marcan los pasajes proféticos con un signo que reúne las dos primeras letras de la palabra «Cristo» en griego: Chi-Ro, convertidas en X-P por el alfabeto latino, correspondiendo las dos aspas laterales de la cruz a la X, y la central a la P.

El cristianismo adoptó ese símbolo para la representación del «Cristo», inscrito habitualmente dentro de un círculo, y es conocido con denominaciones muy diversas: Crismón, Cristograma, Monograma de Cristo, Lábaro… Se interpreta canónicamente como el Principio (alfa) y el Fin (omega) de todas las cosas, por lo cual esas dos letras se incluyen por lo común en el símbolo completo.

Por lo tanto, resulta evidente que el concepto religioso asociado a esa imagen corresponde en su esencia con lo deducido aquí desde la estricta geometría. Siguiendo ese hilo deductivo, podríamos aventurar, tal vez, que el «Cristo» es el lugar de confluencia de los seis brazos de la cruz: el Punto, el Vacío.

Se trata del mismo concepto asociado al «Bindu» del hinduismo, que también es interpretado como la semilla desde donde se manifiesta la creación del Universo, lo cual correspondería de nuevo a lo que hemos visto desde la geometría: el Origen.

También es interpretado como símbolo sagrado del Cosmos en su estado latente, aún no creado, en cuyo caso nos remitiríamos al segundo de nuestros conceptos geométricos: el Vacío.

Más allá del mundo metafísico, podemos observar materializada esa cruz en la coronación de algunos de los célebres edificios del arquitecto Antoni Gaudí (1852/1926): Casa Batlló, Park Güell, Sagrada Familia, Torre Bellesguard… No sería de extrañar que Gaudí, gran estudioso y creador en el ámbito de la geometría tridimensional, así como profundo conocedor de la simbología sagrada y fervoroso católico, utilizara esa cruz como símbolo de la expansión de la energía divina.

¿Y cómo de grande es un punto?

¿O cuán pequeño puede ser?

• • • • · · ·

Estas dos preguntas nos conducen a sendos conceptos fundamentales, no sólo de la geometría, sino también de las matemáticas en general, y de la física, la química, la astronomía, así como de la filosofía y la metafísica.

Concepto de Cero

Cabe destacar que la palabra «Cero» y el dígito «0» no fueron acuñados hasta el siglo XIII, en el *Liber Abaci*, texto del célebre matemático Leonardo Pisano, llamado Fibonacci, quien lo tomó de la expresión árabe «*sifr*», que significa 'vacío', y por analogía lo trasladó al latín como «*zephirum*», derivando de este último «zéfiro», y finalmente «zero».

El número Cero fue desestimado por culturas tan notables como el Antiguo Egipto, la Grecia Clásica o el Imperio Romano, cuyos sistemas numéricos partían de la Unidad.

Ahora bien, las más antiguas referencias históricas del mismo se encuentran en la tradición matemática de la India. En textos del período Védico (-xv/-v) de la cultura del Valle del Indo, ya consta el concepto del número 10 y sus potencias sucesivas. Sin embargo, no aparece expresión numérica alguna, sino palabras asociadas a cada una de aquellas potencias: dasan (10), sata (10^2), sahasra (10^3), ayuta (10^4), niyuta (10^5), prayuta (10^6), arbuda (10^7), nyarbuda (10^8), samudra (10^9), madhya (10^{10}), anta (10^{11}), parardha (10^{12}). Nótese que la secuencia alcanza hasta la potencia 12, un número clave en todas las culturas a lo largo de la Historia conocida. La escuela matemática del jainismo (siglos -IV/II) utilizó el concepto de Cero bajo el nombre de «Shunya», que en lengua sánscrita también significa literalmente 'vacío'.

La constancia gráfica más remota que se tiene del Cero como símbolo con identidad propia se encuentra en el llamado «Manuscrito Bakhshali», un texto grabado en una corteza de abedul, que fue hallado en 1881 y fechado recientemente por la arqueología oficial entre los siglos III y IV. Ahí el Cero consta como un pequeño círculo negro. ¿Cómo no recordar aquí de nuevo a mi querido Mr. Longlife?

Las primeras reglas documentadas que incluyen cálculos con el Cero se encuentran en el «Brahma Sphuta Siddhanta» (Doctrina de Brahma correctamente establecida), compuesto por el matemático y astrónomo Brahmagupta durante el primer tercio del siglo VII.

Si actualmente (2023) preguntamos a un ciudadano cualquiera cuál es su concepto de CERO, lo más probable es que obtengamos una respuesta semejante a «el cero es NADA» o «es el VACÍO total», o en algún caso de sano humor: «es exactamente lo que he conseguido ahorrar este mes pasado».

También pudiera ser que topáramos con una mente más matemática que dijera: «el CERO es el resultado de restar un número a sí mismo».

$$N - N = 0$$

En principio, no habría nada que objetar.

No obstante, si descendemos desde el UNO en una progresión de potencias negativas de 10, por ejemplo, con la intención de llegar al CERO, vemos que nos acercamos más y más a él, pero nunca lo alcanzamos.

10^0	10^{-1}	10^{-2}	10^{-3}	10^{-4}	10^{-5}	10^{-6}	10^{-7}	10^{-8}	...
1	0,1	0,01	0,001	0,0001	0,00001	0,000001	0,0000001	0,00000001	...

Por lo tanto, podemos afirmar que la serie tiene por LÍMITE CERO, pero no que termina en cero… ¡puesto que no termina jamás!

Tratemos ahora de hacer un ejercicio parecido gráficamente, partiendo de un triángulo equilátero en el que iremos inscribiendo sucesivamente otros semejantes, tomando por vértices cada vez los centros de los tres lados del último triángulo trazado.

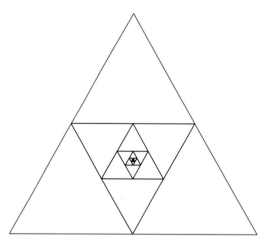

Se obtiene un conjunto fractal en el cual cada triángulo está invertido en relación a su anterior y a su posterior. La dimensión de los lados va reduciéndose a la mitad cada vez, y es posible ir dibujando indefinidamente triángulos más y más pequeños, hasta verlos reducidos a un borrón en el centro de todos ellos.

Los lados de los triángulos sucesivos determinan la sucesión:

1 1/2 1/4 1/8 1/16 1/32 1/64 1/128 1/256 1/512 …

O lo que es lo mismo:

1 0,5 0,25 0,125 0,0625 0,03125 0,015625 0,0078125 0,00390625 0,001953125 …

Pero tampoco así llegamos al CERO.

Así pues, no obtenemos un VACÍO sin NADA en ese punto, sino que aparece rodeado de una ínfima pero eterna nube numérica o geométrica, según se observe.

Concepto de Infinito

El análisis alrededor del Cero nos ha dejado una quizá inesperada sensación de indefinición.

Vamos a ver qué se obtiene al observar progresiones numéricas ascendentes.

La serie de las potencias de 10 es una manera elemental pero efectiva de ilustrar el concepto de infinitud, que la Academia de la Lengua Española muy redundantemente define como: «Cualidad de aquello que no tiene ni puede tener fin ni término».

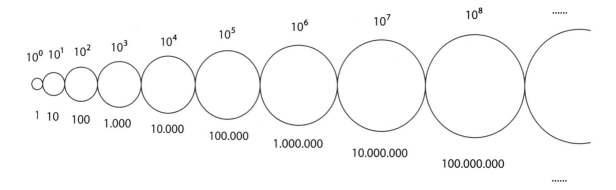

En la escuela primaria multitud de niños y niñas tuvimos que memorizar los primeros números mientras íbamos extendiendo sucesivamente los dedos de nuestras manos, acompañando con una monótona cantinela: UNO, DOS, TRES, CUATRO, CINCO, SEIS, SIETE, OCHO, NUEVE y DIEZ.

Y ya de adolescentes se nos hizo saber que ésos eran números Naturales, que forman un conjunto sin fin, puesto que siempre se puede añadir un número más al último que hayamos dicho o escrito, y que todo ello se expresa del siguiente modo:

$$A_{n+1} = A_n + 1 \quad \text{con } A_1 = 1$$

dando lugar a la sucesión

1 2 3 4 5 6 7 8 9 10 11 12 13 14 15 16 17 18 …

lo que nos conduce finalmente al concepto de INFINITO, como aquella expresión aritmética que se extiende sin fin por el universo de las matemáticas, y que se expresa mediante el símbolo ∞

Algunos lo asocian al concepto del TODO, y otros más atrevidos incluso han querido ver en él a DIOS.

Hasta aquí todo es muy lógico y previsible. No obstante el análisis está lejos de quedar concluido, porque en esa aparente rutina numérica se esconden algunas realidades sorprendentes.

1.ª sorpresa: *Ningún número concreto puede ser asimilado al ∞*

Por muy elevado que sea el número que imaginemos, siempre hay uno superior que le sigue. Por lo tanto, el INFINITO existe sólo como concepto abstracto, puesto que no corresponde a ningún número identificable.

Observemos el intervalo comprendido entre los números 1 y 2.

Preguntemos ahora cuántos números caben entre esos dos, excluyéndolos a ellos.

La respuesta parece obvia: Ninguno.

Pero eso es cierto si observamos solamente los números Naturales.

Veamos cuántos números decimales encontramos entre los dos números citados. Y aquí surge la

2.ª sorpresa: *Entre dos números cualesquiera siempre cabe una cantidad infinita de números decimales, mayores que el menor de ellos y menores que el mayor.*

En efecto:

1   1,1   1,12   1,123 1,1234   1,12345   1,123456   1,1234567   1,12345678

1,123456789   1,1234567891   1,12345678912 …

y así indefinidamente sin alcanzar jamás el número 2.

Pero no sólo eso, sino que lo mismo sucede entre cualquier par de números que se quieran escoger, sean cuales y cuantos sean los decimales que se tomen.

Por lo tanto, quienes soñaron con asimilar el Infinito al TODO tendrán que aceptar la existencia de una infinidad de TODOS, y quienes lo emparejaron a la idea de DIOS podrán afirmar sin duda su omnipresencia, puesto que el Infinito ha demostrado estar presente en toda realidad, grande o pequeña, que una mente humana pueda imaginar.

Esta sorpresa podría también ser enunciada del modo siguiente:

CUALQUIER COSA FINITA CONTIENE INFINITAS PARTES

o incluso más rotundamente:

LO FINITO CONTIENE LO INFINITO

Comparemos ahora algunos intervalos entre números Naturales, por ejemplo los comprendidos entre 2 y 3, entre 3 y 4, y también entre 2 y 4.

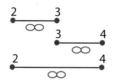

Parece evidente que en el tercer intervalo cabe el doble de números decimales que en los dos primeros, pero no es así.

Imaginemos que incrementamos en 1000 unidades el Infinito contenido entre 2 y 3, y hacemos lo mismo en el intervalo de 3 a 4. Entonces el Infinito comprendido entre 2 y 4 tendría 2000 elementos más, pero no sería más infinito que el anterior. Luego, por extensión, el doble Infinito tampoco sería concebible.

De aquí se deduce la

3.ª sorpresa: $\infty + \infty = \infty$

Para profundizar en este tema, conviene consultar la «Teoría de los Conjuntos Transfinitos» del matemático Georg Cantor (1845/1918) y las posteriores reflexiones de Bertrand Russell (1872/1970) alrededor del concepto de Infinito.

No obstante, la idea de la multiplicidad de infinitos es muy antigua, y se remonta a la escuela filosófica jainista de la cultura India clásica.

Todavía hay una cuestión más, que nos conduce a un verdadero descubrimiento.

Sin duda el intervalo entre 2 y 3 tiene la misma dimensión que el comprendido entre 3 y 4.

Por lo tanto podemos imaginar que, al restarlos, se neutralizan el uno al otro.

Operando así obtenemos como resultado un PUNTO alrededor del número 3, momento en el cual sería de justicia volver a rememorar al profesor Mr. Longlife.

Cuando algunos podían esperar encontrar por fin el CERO, el análisis anterior nos proporciona la

4.ª sorpresa: $\infty - \infty \neq 0$

Recordemos que EL PUNTO NO ES EQUIVALENTE A LA NADA, y por lo tanto puede tener estructura, sea material o energética, o bien hablando en términos de física cuántica, según sea considerado como partícula o como onda.

El Punto es un ente adimensional (sin dimensión), puesto que no puede serle aplicado ningún concepto de medida. Y por todo lo anterior el Cero resulta ser tan abstracto como el Infinito, una utopía en el sentido etimológico de la palabra, un no-lugar.

Así pues, lo que entendemos por NADA tampoco es alcanzable, y aplicando el Principio Universal de Correspondencia, o Fractalidad, según el cual la estructura de lo más ínfimo es como la de lo más grande imaginable, podemos afirmar sin duda que EL VACÍO TIENE ESTRUCTURA GEOMÉTRICA, y esa estructura es la que emerge de la Semilla de la Vida, que en distintas visiones, como se ha visto hasta el momento en el presente estudio, nos conduce al universal signo de la CRUZ.

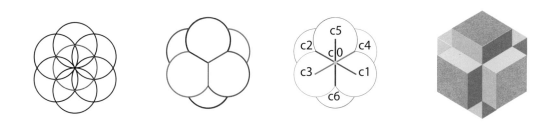

Geometría del Sistema Numérico

Hemos deducido que el Cero puede ser asociado a una estructura geométrica, lo cual conlleva que contiene energía.

¿Y cuál puede ser esa energía?

Situado a la derecha de cualquier otro número, el cero lo multiplica por 10, y lo conduce al Infinito.

3   30   300   3000   30000   300000   3000000   30000000   300000000   →   ∞

Y situado a su izquierda, lo divide por 10, hasta llevarlo al límite de lo más ínfimo, al propio Cero.

3   0,3   0,03   0,003   0,0003   0,00003   0,000003   0,0000003   0,00000003   →   0

Por lo tanto, EL CERO TAMBIÉN ES INFINITO.

O bien, la NADA contiene la energía del TODO.

Y también, el VACÍO contiene la energía del UNIVERSO.[10]

Esto es: la energía del VACÍO está en el centro de TODO.

Se trata de la Luz Negra, que contiene la semilla de cualquier cosa concebible, y desde la cual ésta puede manifestarse.

---

10. Las tradiciones del hinduismo y el budismo, los grandes sabios de la Antigua Grecia, los matemáticos del islam medieval, la ortodoxia del cristianismo, así como el relativismo de Einstein y la física cuántica, cada cual con sus razones, desestiman el concepto del Vacío como equivalente a la Nada.

En 2009, la Dra. Elisabeth A. Rauscher (1937/2019), reconocida experta en la física de los Agujeros Negros,* y el polifacético investigador Nassim Haramein (n. 1962), fueron premiados por su exposición «Unified Field Theory», una explicación de la cosmología universal a partir de una hipótesis sobre la energía del vacío.

* Agujero Negro es un concepto propio de la Astronomía, para describir lugares en el espacio sideral donde se concentra una cantidad tal de materia que da lugar a fuerzas gravitacionales tan elevadas que hasta la luz queda presa por ellas.

Habitualmente el punto Cero en la representación cartesiana se denomina Origen de Coordenadas.

ORIGEN: Inicio, Surgimiento, Causa. Por lo tanto, el CERO está en el origen de cualquier realidad.

Regresemos por un instante al PUNTO y asociémoslo al CERO, al cual hemos reconocido ya su categoría como número.

Procedamos igualmente asociando el número 1 a otro punto.

Imaginemos ahora la manera más elemental de representar geométricamente todos los números comprendidos entre 0 y 1, y así obtenemos un segmento rectilíneo.

Podríamos extender indefinidamente este proceso y conseguiríamos una semirrecta que conduce al INFINITO.

Esta disposición rectilínea se desarrolla en una única dirección, que se expresa como Dimensión UNO (1D), y el concepto de medida al que se asocia es la Longitud.

El hecho de medir, observado desde el punto de vista aritmético, es una sustracción (o resta). Por ejemplo, la medida entre 3 y 5 es 2, puesto que $5 - 3 = 2$.

Estamos ahora ante un nuevo concepto de aplicación universal, llamado POLARIDAD, también incluido en los principios universales del Kybalion, y citado aquí anteriormente en el apartado dedicado a la Fractalidad (pág. 31).

Para entenderlo desde el punto de vista numérico, imaginemos la semirrecta en la que han sido posicionados los números Naturales, y hagamos una copia de la misma, simétrica a la anterior desde el Cero.

Obtenemos así los llamados números Enteros, donde a cada número Natural corresponde otro igual a él, pero con signo negativo, de modo que entre ambos se contrarrestan dando como resultado el Cero, que es el único para el cual no cabe concebir su negativo.

La recta obtenida contiene todos los números de ese sistema, abarcando desde el +INFINITO hasta el –INFINITO, y así, hablando en clave cosmológica, podemos definir el CERO como el agujero negro central desde el que se extiende todo el universo numérico.

El «Principio de Polaridad» puede ser expresado del siguiente modo:

«A toda realidad corresponde su opuesta, que también es su complementaria».

El símbolo más divulgado e ilustrativo de este concepto es el «Taijitu», o «YinYang», uno de los distintivos fundamentales del taoísmo, que también está presente en culturas más recientes como la celta, la etrusca y la romana.

Su significado es complejo y está lleno de matices, pero cabe resumirlo como sigue.

Se trata del principio generador de la realidad que los seres humanos percibimos, y alude a que en nuestras vidas conviven elementos que, no obstante ser opuestos entre sí, cada uno de ellos contiene una parte del otro, constituyendo en su conjunto un todo equilibrado.

La Polaridad, también denominada Dualidad, aunque pronto veremos que hay una importante diferencia entre ambas, se extiende a multitud de conceptos: positivo/negativo, masculino/femenino, blanco/negro, cosmos/caos, materia/antimateria…, de modo que la realidad de nuestro mundo sería inconcebible si esta ley universal no se cumpliera.

Hemos dicho que se suele asimilar Polaridad con Dualidad, pero ése es un equívoco que conviene dilucidar cuanto antes.

Hemos llegado al concepto de Polaridad confrontando números positivos y negativos, y hasta ahí es cierto que estamos en la Dualidad. No obstante, el cero no es ni lo uno ni lo otro, por lo tanto constituye un tercer estado en el sistema. Así observamos que ese concepto aplicado a la numeración contiene intrínsecamente tres elementos: números Positivos, números Negativos y el Cero. El mismo fenómeno se aplica a temáticas muy diversas: protón/neutrón/electrón, arriba/centro/abajo, derecha/centro/izquierda, pasado/presente/futuro…

Haciendo un pequeño ejercicio de análisis de nuestra realidad cotidiana, podremos observar, asimismo, que esa manifestación tripartita es extensible a multitud de situaciones.

Por ejemplo, si observamos los equipos contendientes deportivos y sus seguidores, entre ambas formaciones se sitúa un equipo arbitral, que no forma parte de ninguno de esos dos grupos, y cuya función es procurar que la contienda no pierda el equilibrio.

Podríamos obtener multitud de ejemplos semejantes, comprobando continuamente esa división ternaria. En general, se puede afirmar que ante situaciones de confrontación, suele aparecer un tercer elemento entre aquellos que están en pugna.

No obstante, existen falsas polaridades, o situaciones aparentes de polaridad, en las que falta el elemento equilibrador. En esos casos se produce la dualidad.

Uno de los ejemplos clásicos de dualidad es luz/oscuridad. En efecto, no existe entre ellas un tercer concepto. Puede variar la intensidad de la una o de la otra, pero no es concebible una tercera opción. Lo mismo sucede con otros muchos términos, materiales o inmateriales: duro/blando, seco/mojado, grande/pequeño, bueno/malo, libre/esclavo…

Continuando con el símil deportivo, diríamos que cuando los entrenadores de dos equipos contrarios son entrevistados previamente al encuentro, se trata de un ejercicio de dualidad. En cambio, la contienda en sí es una situación de polaridad.

En síntesis, cabe diferenciar los dos conceptos, Dualidad/Polaridad, vinculando el primero al estatismo (bloquear), y el segundo al movimiento (fluir).

Llegados a este punto, deducimos fácilmente que si en una situación existe Polaridad, también hay Dualidad, pero no viceversa. Esta puntualización será muy útil más adelante, cuando analicemos algunas temáticas que irán surgiendo a partir del análisis geométrico.

Tratemos a continuación de trascender la unidimensionalidad partiendo de un segmento cualquiera AB.

Lo haremos trazando dos circunferencias, con centros respectivos en cada uno de los extremos del mismo, y radio igual a la distancia entre ellos.

Entre ambas circunferencias se producen dos puntos de intersección (C_1 y C_2), lo cual nos permite trazar cuatro segmentos más, todos ellos de igual longitud, uniendo con A y B los nuevos puntos obtenidos.

El resultado son dos triángulos equiláteros invertidos uno respecto al otro (ABC_1 y ABC_2).

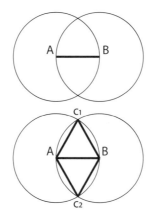

Tenemos así un nuevo ejemplo de dualidad, donde uno de los triángulos podría ser considerado positivo y el otro negativo, o masculino y femenino, etc.

Si extendemos esa figura en todas direcciones se obtiene una trama triangular regular que define un plano, lo cual se expresa como Dimensión DOS (2D), y el concepto de medida asociado es la Superficie.

Esa trama está compuesta por un 50 % de triángulos orientados en una dirección y el otro 50 % en la opuesta, siendo el conjunto una matriz bipolar interminable. Lo que en 1D era una recta infinita, en 2D es un plano infinito.

La sucesión de los números Naturales también puede ser interpretada desde la geometría 2D.

Regresemos para ello a la secuencia de triángulos equiláteros que ha sido utilizada aquí para la explicación sobre el concepto de Cero (pág. 42). Pero esta vez lo haremos ascendiendo desde la unidad.

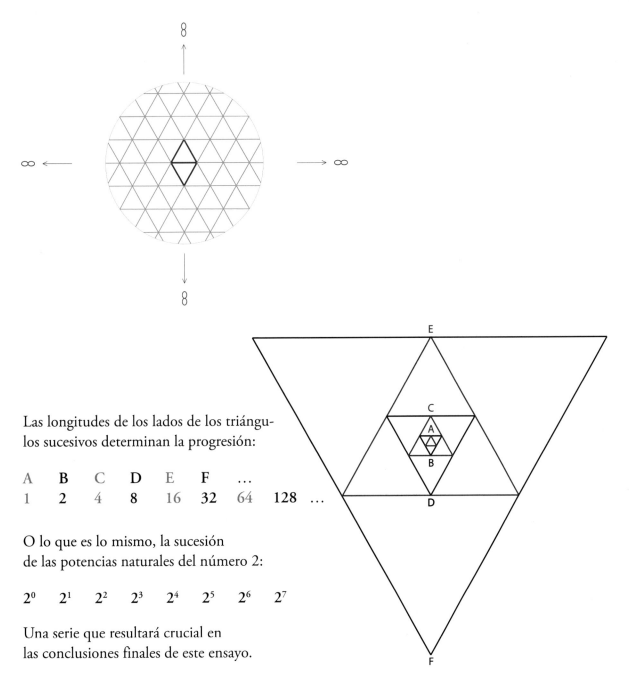

Las longitudes de los lados de los triángulos sucesivos determinan la progresión:

A	B	C	D	E	F	...	
1	2	4	8	16	32	64	128 ...

O lo que es lo mismo, la sucesión de las potencias naturales del número 2:

$$2^0 \quad 2^1 \quad 2^2 \quad 2^3 \quad 2^4 \quad 2^5 \quad 2^6 \quad 2^7$$

Una serie que resultará crucial en las conclusiones finales de este ensayo.

Cada triángulo puede ser asociado a una letra, siendo A el triángulo menor, en color rojo.

En esta representación los triángulos en las posiciones impares aparecen todos con un vértice superior y en color rojo, y los de las posiciones pares en negro, siempre con un vértice inferior.

En la dimensión 1D el concepto de medida asociado es la Longitud, que entre dos números naturales consecutivos se mantiene siempre igual a 1.

En el caso de la 2D, hemos dicho que el concepto de medida que le es propio es la Superficie.

Obsérvese que cada triángulo contiene cuatro veces su inmediato anterior: el propio triángulo menor y otros tres invertidos respecto a él.

Véanse como ejemplo los pares de triángulos A y B, o B y C, de los dibujos adjuntos.

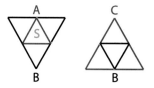

Por lo tanto, llamando S a la superficie del triángulo A, se obtiene la siguiente secuencia de superficies:

Triángulo A	S x 1
Triángulo B	S x 4
Triángulo C	S x 16
Triángulo D	S x 64
Triángulo E	S x 256
Triángulo F	S x 1024

Eso nos conduce a la progresión geométrica de razón 4, donde cada término es igual al cuádruple de su precedente:

1   4   16   64   256   1024   4096   …

Esto es, la serie de potencias sucesivas del número 4:

4^0 4^1 4^2 4^3 4^4 4^5 4^6 …

Y también la secuencia de las potencias pares del número 2:

2^0 2^2 2^4 2^6 2^8 2^{10} 2^{12} …

Cuando en este trabajo abordamos el tema de la Fractalidad, aludimos al pavimento cosmatesco[11] de la Basílica de Santa Maria in Trastevere (pág. 29), donde aparece detallado el triángulo de Sierpinski inscrito en una circunferencia.

Analicemos esa composición numéricamente.

El número de triángulos de cada medida y color que ahí son representados definen un orden.

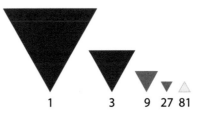

En efecto, comprobamos que surge una sucesión de potencias del número 3:

$$1 = 3^0 \qquad 3 = 3^1 \qquad 9 = 3^2 \qquad 27 = 3^3 \qquad 81 = 3^4$$

Analizando solamente los módulos que contienen los triángulos verdes, se repite el mismo patrón:

Y lo mismo si tomamos los triángulos intermedios:

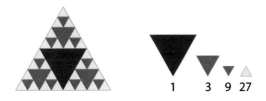

Pero eso no es todo.

---

11. El clan de los Cosmati, que poseía buena parte del monopolio de las canteras de mármol en la Roma de los siglos XII y XIII, llevó a cabo los lujosos pavimentos de numerosos edificios eclesiásticos de la época. Se trata de los denominados «mosaicos cosmatescos», complejos suelos de trazado geométrico, realizados mediante una técnica derivada de la Roma imperial, utilizando en parte mármol recuperado de edificios antiguos.

En los tres casos el número de triángulos se reduce siempre a la cifra 4.[12]
En efecto:

$$1 + 3 + 9 + 27 + 81 = 121 \rightarrow 1 + 2 + 1 = 4$$
$$1 + 3 + 9 + 27 = 40 \rightarrow 4 + 0 = 4$$
$$1 + 3 + 9 = 13 \rightarrow 1 + 3 = 4$$

Y existe todavía una conclusión más a exponer.

Las longitudes de los lados de los triángulos sucesivos que forman el conjunto hacen surgir una progresión en la que, partiendo de la unidad, cada término es igual a la suma de todos sus anteriores:

$$1 \quad 1 \quad 2 \quad 4 \quad 8 \quad 16 \quad 32 \quad 64 \quad 128 \quad 256 \quad 512 \quad 1024 \quad \dots \quad a_n = a_1 + a_2 + a_3 + a_4 + \dots + a_{n-1}$$

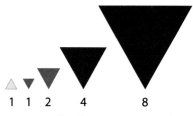

Nótese que el primer «1» corresponde al único triángulo orientado en oposición a todos los demás.

Si se prescinde de ese primer término, volvemos a obtener la serie de las potencias del número 2 que surgió en la página 53.

Esa misma secuencia se obtiene en el desarrollo del código binario basado en los dígitos **0** y **1**, que está en el origen del lenguaje en bytes de las computadoras y ordenadores convencionales, desarrollados a partir de los años cincuenta del siglo xx.

No obstante, el uso de códigos binarios en la organización de sistemas es mucho más antiguo.

Por ejemplo, el *I CHING* (Libro de las Mutaciones) de la China ancestral, cuyos orígenes se remontan más allá del siglo -VIII, establece un código binario basado en los conceptos YIN (- -) y YANG (—).

---

12. Interpretando tal circunstancia en clave simbólica, diríamos que esa composición conduce desde los tres vértices del Triángulo (n.º 3 → 2D) hasta los cuatro del Tetraedro (n.º 4 → 3D), como analizaremos más adelante (pág. 62), o lo que es lo mismo, el conjunto simboliza la «ascensión» dimensional, entendiendo como tal justo lo contrario de la «proyección», o descenso dimensional.

El código binario numérico y el gráfico de la tradición china pueden ser asociados entre sí mediante las equivalencias siguientes:

00 ☷   01 ☳   10 ☶   11 ☰   (4 variaciones)

Y doblando dígitos:

0000   1000   0100   0010
0001   1100   1010   1001
0110   0101   0011   1110   (16 variaciones)
1101   1011   0111   1111

Y con dos dígitos más:

000000   000001   000010   000100
001000   010000   100000   000011
000101   001001   010001   100001
000110   001010   010010   100010
001100   010100   100100   011000
101000   110000   000111   001011
010011   100011   001101   010101
100101   011001   101001   110001
001110   010110   100110   011100   (64 variaciones)
101100   011010   101010   110010
111000   110100   001111   010111
100111   011011   101011   110011
011101   101101   110101   011110
101110   110110   111010   111100
011111   101111   110111   111011
111001   111101   111110   111111

El número de variaciones que se obtienen añadiendo cada vez un nuevo par de dígitos numéricos, y por consiguiente dos líneas más cada vez en el sistema chino, sigue la misma serie que las superficies de los triángulos equiláteros sucesivos: 4 16 64 256 1024 4096 …, si bien es cierto que el I CHING se limita a 64 hexagramas, que es el nombre que recibe cada agrupación de 6 signos Yin o Yang.

En una publicación del año 2007, «Æsthetic Surgery of the Facial Mosaic», el cirujano plástico D.E. Panfilov propone asimilar las 64 variaciones del I CHING a todas y cada una de las expresiones que puede mostrar un rostro humano, asociando el análisis geométrico conceptual con características aparentes de las personas, más allá de la pura abstracción matemática.

El tablero del juego de ajedrez, cuyos primeros registros históricos se remontan al siglo VI, aunque se tienen referencias mucho más antiguas (alrededor del siglo -III), también se configura de acuerdo a un código binario.

Son 64 casillas dispuestas según una cuadrícula uniforme, alternando blancas y negras, 32 de cada una, sobre la cual se desarrolla el juego.

Ocho casillas son nombradas de la A a la H, y otras ocho perpendiculares a las primeras, numeradas del 1 al 8, de modo que la posición de cada pieza se localiza en todo momento mediante una letra y un número.

Este sistema es mucho más complejo que el numérico binario, puesto que sobre esta base de 64 elementos se organiza un conjunto de 32 variables, que es el número máximo de piezas (16 por jugador) que se disponen y mueven por el tablero durante el juego.

El sistema bidimensional de coordenadas de la geometría analítica es otro ejemplo de base binaria, sobre la cual es posible localizar cualquier punto del plano mediante la proyección del mismo sobre dos ejes perpendiculares entre sí, llamados abcisas (X) y ordenadas (Y).

Y podríamos identificar otros muchos sistemas usuales en nuestra vida cotidiana, formulados en códigos de base binaria.

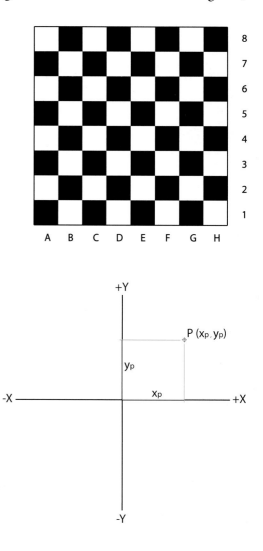

SECUENCIA
DE GEOMETRÍAS

Tetraedro

Llevemos ahora hasta la Dimensión TRES (3D) el proceso de expansión de los triángulos equiláteros sucesivos.

Para ello partimos de dos triángulos consecutivos cualesquiera de la trama obtenida en 2D.

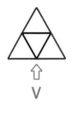

En perspectiva el conjunto aparece como sigue:

Y plegando los tres triángulos rojos de las figuras adjuntas, tomando como ejes de rotación cada uno de los tres lados del triángulo negro, se obtiene una pirámide cuya base es este último, y las caras laterales aquellos tres.

Es el TETRAEDRO regular, pirámide formada por cuatro triángulos equiláteros todos iguales entre sí.

Se trata del segundo Sólido Platónico que aparece en este ensayo.

También puede ser definido como el poliedro determinado por cuatro puntos equidistantes entre ellos.

Así como el triángulo es el mínimo polígono para expresar la 2D, el Tetraedro es el poliedro mínimo para hacer lo propio en la 3D: son 4 vértices y 6 aristas, formando un sólido de 4 caras.

Llegados a este punto podemos concluir lo siguiente:

La concepción numérica de la geometría parte del Punto como unidad desde la que todo surge.

En cambio, la visión dimensional de la misma toma el Cero como origen del sistema, y el Segmento como su unidad.

Cabe resumir todo ello en el cuadro siguiente:

	Número	Dimensión
PUNTO	1	0
SEGMENTO	2	1
TRIÁNGULO	3	2
TETRAEDRO	**4**	**3**

El Tetraedro, por lo tanto, es la equivalencia geométrica del número 4.

La visión del Tetraedro apoyado sobre una de sus bases, representado en planta y alzado, es la siguiente:

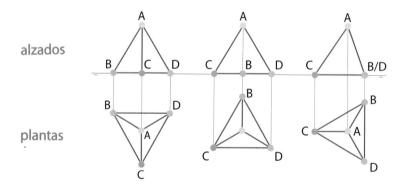

Variando la posición del Tetraedro surge una nueva imagen, extraordinariamente reveladora.

Para comprenderla, partamos del tetraedro ABCD, y apliquemos una rotación sobre su eje BD hasta colocar el lado AC en posición horizontal respecto a ese punto de vista.

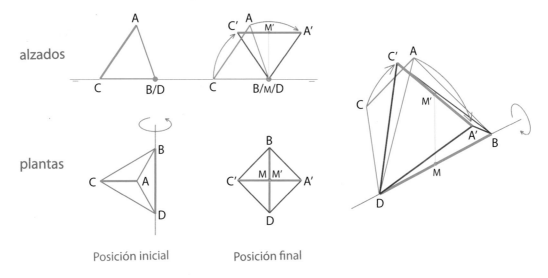

Estamos de nuevo ante la señal de la cruz.[13]

Una cruz muy peculiar.

Me explico.

Esa cruz está formada por dos segmentos de igual longitud (AC y BD) que se cruzan en el espacio 3D, pero no intersecan entre ellas. Solamente en proyección se ven superpuestas.

Si continuamos observando, se comprueba que en esa posición final el tetraedro ABCD se proyecta como un cuadrado.

De nuevo el cuadrado. Nos encontramos con él al contemplar las esferas que conforman la Semilla de la Vida en 3D, y quedan acogidas por el Hexaedro o Cubo (págs. 34 y ss.).

Ahora ha surgido de la observación del Tetraedro, y lo hará nuevamente en diversas ocasiones a lo largo del presente estudio, adquiriendo una parte de protagonismo en las conclusiones finales del mismo, inesperadamente podríamos decir, si consideramos que la geometría analizada aquí deriva del círculo y del triángulo equilátero, que en principio poca relación parecerían tener con el cuadrado.

---

13. Si bien el cristianismo ha hecho suyo el signo de la cruz, con múltiples variaciones, la cruz griega, libre o circundada por un cuadrado, por un círculo, o ambos a la vez, es un símbolo presente en muy variadas manifestaciones en la historia humana desde sus tiempos más remotos, y no siempre en el ámbito de la simbología religiosa o metafísica. Sin ir más lejos, el signo sumatorio y el de la multiplicación en aritmética son cruces griegas. También lo es el número 10 en el sistema numérico de la Antigua Roma.

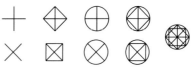

Matriz de la Geometría 3D

Colocando un tetraedro sobre cada triángulo de la trama 2D de la página 53 de este ensayo, se obtiene una extensión infinita de tetraedros situados todos ellos sobre ese plano matriz.

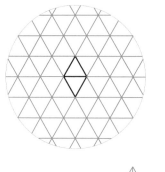

La visión cenital (o planta) de cada tetraedro es △ o bien ▽

El 50 % de los tetraedros aparecen situados en una posición, y el otro 50 % en la opuesta, es decir girados 180º en relación a los primeros, lo cual expresa de nuevo la Dualidad, esta vez en 3D.

El conjunto de tetraedros desde ese mismo punto de vista es como sigue:

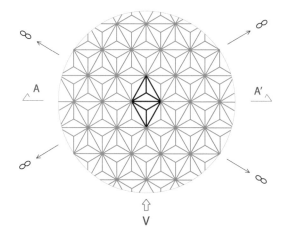

Y la vista frontal (sección A-A´)

Esos tetraedros tienen tres vértices situados sobre el plano de soporte, y el cuarto está para todos ellos orientado en idéntica dirección respecto a ese plano.

Una vista axonométrica de los dos tetraedros yuxtapuestos por uno de sus lados y girados 180º entre sí, los cuales constituyen el elemento generador del conjunto, es como sigue:

Yuxtaponiendo sucesivamente un tetraedro más cada vez, se construye una matriz configurada sobre la base de un hexágono regular.

Y extendiendo ese proceso indefinidamente, se ocupa todo el espacio de la trama básica 2D de triángulos.

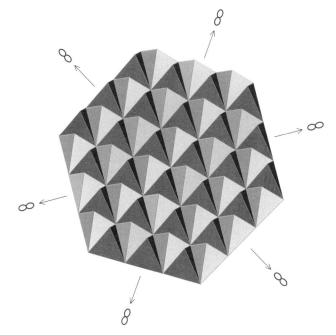

Superponiendo indefinidamente esa matriz tetraédrica por encima y por debajo de la inicial, e invirtiendo la orientación de cada capa sucesiva de tetraedros con respecto a sus inmediatas inferior y superior (de nuevo dualidad), se forma un entramado fractal que se extiende por el infinito espacio tridimensional.

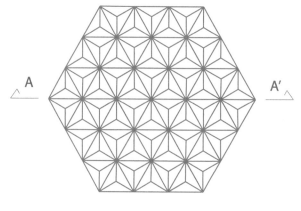

Vista en planta

Vista frontal (sección A-A')

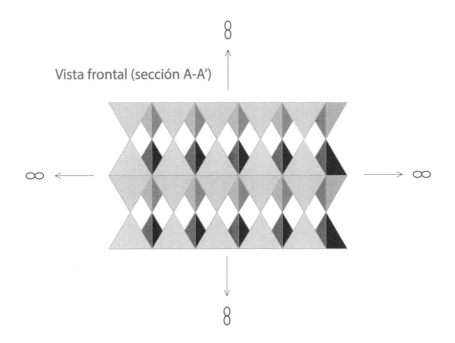

El módulo básico desde el cual se genera toda la matriz consiste en dos tetraedros superpuestos, invertidos entre sí, y con un vértice común.

Su apariencia en vista frontal se presenta de dos maneras:

Y una visión axonométrica de los mismos sería como sigue:

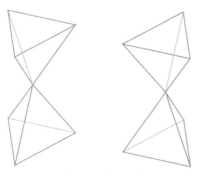

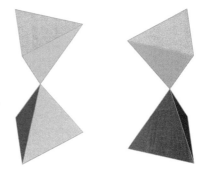

a) vista lineal   b) vista sólida

Extendiendo indefinidamente esa estructura de dos tetraedros superpuestos sobre la trama 2D de soporte, ésta queda completamente cubierta.

A fin de facilitar la interpretación del volumen obtenido, en la imagen adjunta los tetraedros de la capa superior se muestran con su base transparente. Asimismo, la gama de colores se ha seleccionado de manera que las caras orientadas en igual dirección aparecen todas ellas en el mismo color.

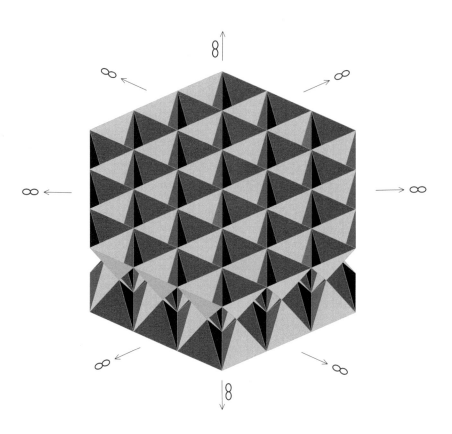

Si dentro de ese conjunto seleccionamos la matriz hexagonal obtenida en la página 65, aparece un volumen formado por dos capas superpuestas de 6 tetraedros cada una, configurando lo que podemos considerar como CÉLULA GENERATRIZ DEL ESPACIO 3D, y a la que se me ocurre dar por nombre CÁLIZ.

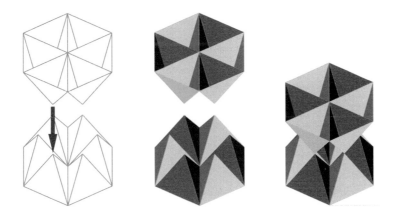

Esa estructura tetraédrica extendida ocupando todo el espacio tridimensional se expresa como sigue:

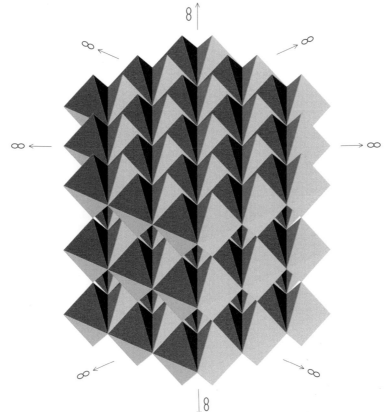

El proceso anterior hace aflorar una nueva visión.

Para plasmarla basta tomar dos capas de tetraedros de forma que éstos queden unidos por sus bases, en lugar de hacerlo por sus vértices libres.

Por lo tanto, hay dos posibles configuraciones de la que hemos denominado Cédula Generatriz de la 3D, o Cáliz, aunque son eso, visiones, puesto que ambas conducen a la misma ocupación del espacio.

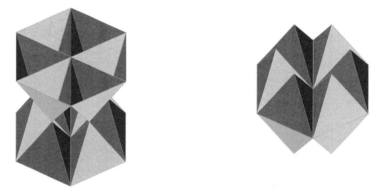

Observándolas comparativamente se aprecia que en cada una de ellas hay una parte que se dilata y otra que se contrae, en posición invertida la una respecto a la otra.

Y superponiéndolas, a fin de ocupar todo el espacio tridimensional, llegamos a una deducción quizá inesperada, pero que es común a todos los seres vivos tal como los conocemos en nuestro mundo: a una contracción sucede una dilatación, y a ésta una nueva contracción, y así indefinidamente.

A esto se le llama LATIR, o también RESPIRAR.

Así pues, **La Tercera Dimensión late, respira.**[14] Y aplicando el Principio de Fractalidad podemos deducir que:

EL UNIVERSO LATE
EL UNIVERSO RESPIRA

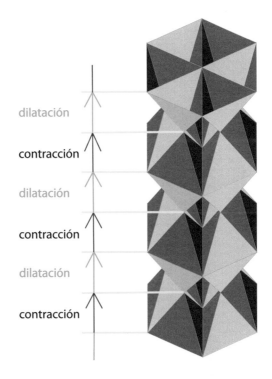

dilatación

contracción

dilatación

contracción

dilatación

contracción

Por consiguiente, la respiración de la 3D podría ser ilustrada así:

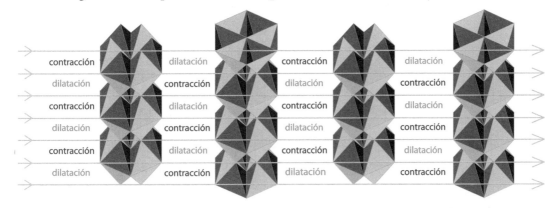

contracción	dilatación	contracción	dilatación
dilatación	contracción	dilatación	contracción
contracción	dilatación	contracción	dilatación
dilatación	contracción	dilatación	contracción
contracción	dilatación	contracción	dilatación
dilatación	contracción	dilatación	contracción

14. La tradición hermética expresa que todo en el Universo está sujeto a un movimiento de ida y retorno, y que hasta lo más aparentemente estático vibra.

El Kybalion concreta esa idea en tres de sus siete principios: Vibración, Ritmo y Polaridad.

    * Principio de Vibración: todo está sujeto a un movimiento vibratorio.

    * Principio de Ritmo: todo fluye y refluye de forma cíclica.

    * Principio de Polaridad: todo tiene su opuesto, que es también su complementario.

Y finalmente, extendiendo ese ritmo dilatación/contracción por todo el espacio tridimensional, obtenemos la secuencia de la respiración de la 3D.

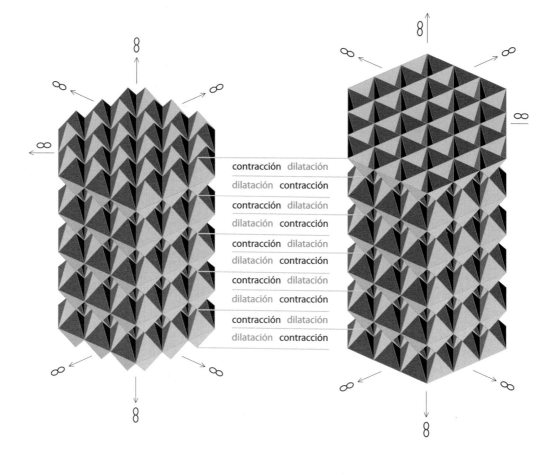

¿Pero cómo es la estructura geométrica de la que hemos denominado Célula Generatriz del Espacio 3D?

Para descubrirlo, analicemos sus proyecciones en planta y alzado, para cada una de las dos configuraciones obtenidas.

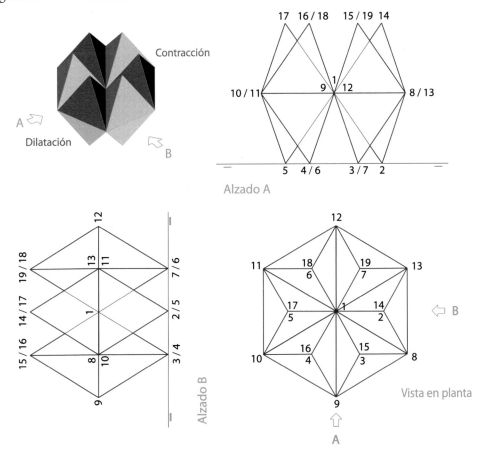

En esta configuración se aprecian con claridad los dos conjuntos de 6 tetraedros superpuestos, sin que aparezca ningún otro volumen secundario relevante.

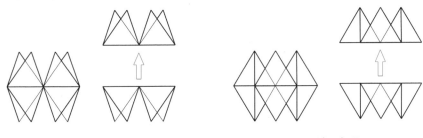

Alzado A   Alzado B

Ahora bien, el análisis geométrico de la primera configuración obtenida nos lleva a descubrimientos más sustanciosos.

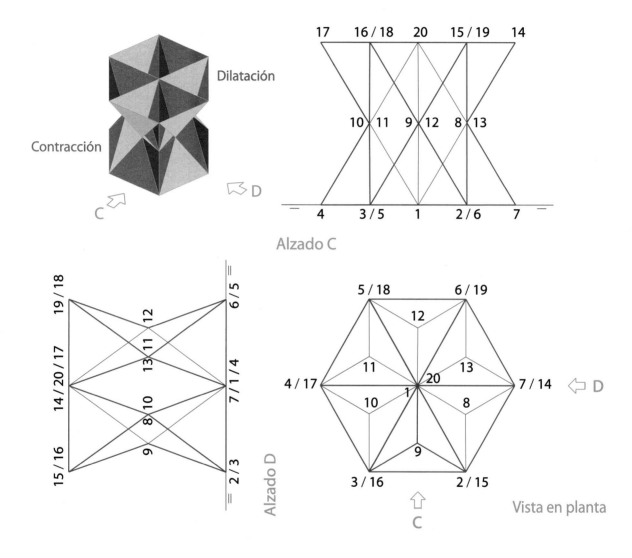

Observando con detalle el conjunto, y mirando más allá de la doble capa de 6 tetraedros, se distinguen dos formas piramidales invertidas entre sí.

Según la vista frontal (alzado) que se escoja, la apariencia cambia sutilmente.

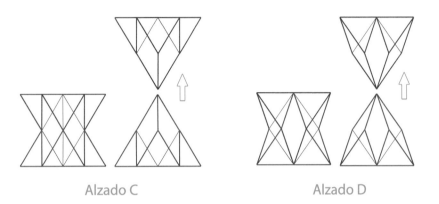

Alzado C   Alzado D

Dependiendo de cómo sean ensambladas, esas dos formas piramidales se ven como sigue:

Vistas lineales   Vistas sólidas

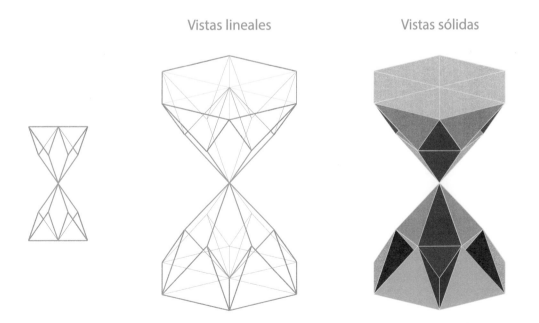

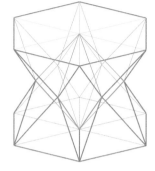

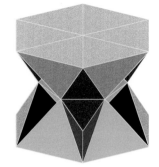

En el núcleo de ese conjunto surge una doble pirámide hexagonal formada por tres cuadrados rotados 60º entre ellos respecto a un eje común (E).

Vistas lineales   Vistas sólidas

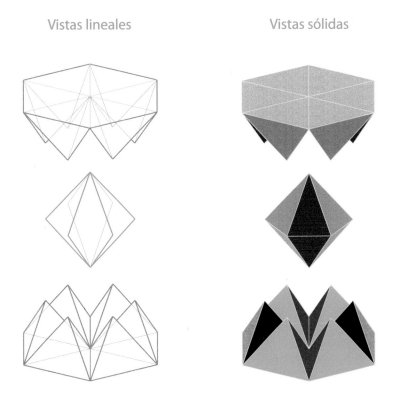

El cuadrado se muestra, una vez más, en una proyección 2D de un volumen 3D.

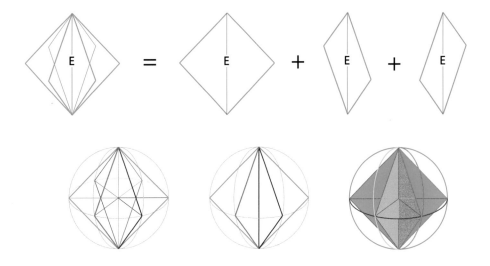

77

Octaedro

Análogamente al ejercicio realizado sobre la matriz 2D (pág. 53), tomemos ahora la trama base 3D, y consideremos una sucesión de tetraedros donde cada uno de ellos da origen a otro que se circunscribe a él, invirtiendo su orientación y doblando la longitud de su arista.

En la vista axonométrica se aprecia claramente que el tetraedro inicial (azul) queda inscrito en otro mayor, cuya longitud de la arista es el doble de la de aquél, y que está configurado mediante 4 tetraedros iguales al primero (3 granate y 1 amarillo) girados 180° respecto al mismo.

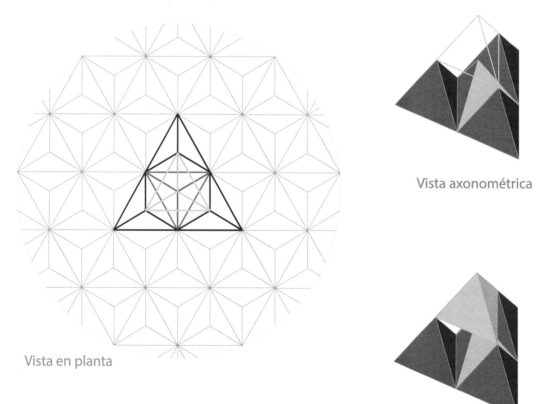

Vista en planta

Vista axonométrica

Considerando solamente los cuatro tetraedros de igual orientación en la trama, esto es prescindiendo del de color azul, se obtiene el tercer Sólido Platónico que aparece en este estudio, tras el Hexaedro y el Tetraedro.

Es el OCTAEDRO, un poliedro formado por dos pirámides que tienen una base cuadrada en común (por lo tanto, 6 vértices), y cuyas caras son 8 triángulos equiláteros. Sus 12 aristas son de igual longitud que las de los tetraedros que lo originan, quedando alojado entre las caras interiores de los mismos.

Así pues, podría decirse que el Octaedro es un tesoro cobijado en el interior de la Matriz Tridimensional.

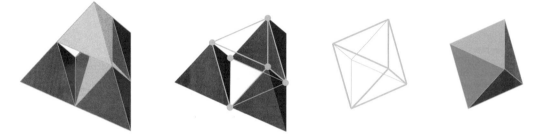

El concepto de medida asociado a la Dimensión TRES (3D) es el Volumen.

De forma análoga al análisis de superficies sucesivas realizado sobre la trama triangular 2D, cabe hacerlo ahora con los volúmenes en la de tetraedros 3D.

Veamos la relación que existe entre los volúmenes del tetraedro inicial y del que lo circunscribe, de acuerdo con el proceso descrito en la página anterior.

La fórmula para la obtención del volumen de un tetraedro de arista = L es:

$$\text{Volumen} = L^3 \frac{\sqrt{2}}{12}$$

Llamemos V_1 al volumen del tetraedro menor:
y calculemos el volumen del mayor, que denominaremos V_2

$$V_1 = L_1^3 \frac{\sqrt{2}}{12}$$

Puesto que la arista del tetraedro mayor (a la que llamaremos L_2) es igual al doble de la del menor, esto es: $L_2 = 2 L_1$
entonces resulta que:

$$V_2 = L_2^3 \frac{\sqrt{2}}{12} = (2 L_1)^3 \frac{\sqrt{2}}{12} = 2^3 (L_1)^3 \frac{\sqrt{2}}{12} = 2^3 V_1 = 8 V_1$$

Por lo tanto, el volumen del tetraedro mayor es igual a 8 veces el del menor, y si continuamos circunscribiendo tetraedros sucesivamente, siguiendo el mismo proceso, observaremos que el factor multiplicador 2^3, esto es $2 \times 2 \times 2 = 8$ se mantiene constante, de modo que se obtiene la siguiente secuencia de volúmenes:

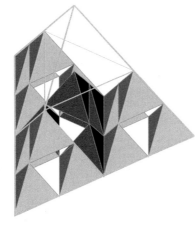

Tetraedro 1	$V_1 \times 1$
Tetraedro 2	$V_1 \times 8$
Tetraedro 3	$V_1 \times 64$
Tetraedro 4	$V_1 \times 512$
Tetraedro 5	$V_1 \times 4096$

Eso nos conduce a la serie:

1   8   64   512   4096   32768   262144   …

que es la secuencia de las potencias ternarias del número 2:

2^0 2^3 2^6 2^9 2^{12} 2^{15} 2^{18} …

y también la serie de potencias sucesivas del número 8:

8^0 8^1 8^2 8^3 8^4 8^5 8^6 …

En el análisis de las superficies sucesivas de los triángulos de la trama 2D obtuvimos la serie:

1   4   16   64   256   1024   4096   …

o lo que es lo mismo:

2^0 2^2 2^4 2^6 2^8 2^{10} 2^{12} …

En la 3D la serie de volúmenes sucesivos ha resultado ser:

2^0 2^3 2^6 2^9 2^{12} 2^{15} 2^{18} …

Por lo tanto, amparados de nuevo en el Principio de Fractalidad, se deduce que en la 4D sería concebible la progresión:

$$2^0 \quad 2^4 \quad 2^8 \quad 2^{12} \quad 2^{16} \quad 2^{18} \quad 2^{22} \quad \ldots$$

que correspondería a una sucesión de figuras tetradimensionales, equivalentes a los triángulos de la 2D y a los tetraedros de la 3D.

Es más, generalizando llegamos a la conclusión de que en una hipotética dimensión «n», la secuencia de unas tridimensionalmente inimaginables estructuras de la «nD» sería:

$$2^0 \quad 2^n \quad 2^{2n} \quad 2^{3n} \quad 2^{4n} \quad 2^{5n} \quad 2^{6n} \quad \ldots$$

Y esta reflexión nos conduce al terreno de la geometría hiperdimensional.

Pero no vamos a ir por ahí, de momento, sino que profundizaremos en el análisis de la geometría obtenida en 3D, lo cual nos va a deparar conclusiones sumamente interesantes.

Retomemos la reflexión que nos ha llevado a concluir que tres tetraedros colindantes entre sí en la trama 3D configuran un octaedro.

Por otra parte, recordemos que el volumen del segundo tetraedro es ocho veces mayor que el inicial

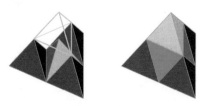

Obsérvese que el tetraedro mayor está compuesto por cuatro tetraedros iguales al inicial, más el octaedro que entre ellos se configura. Nótese también que la longitud de la arista del octaedro es la mitad de la del tetraedro mayor.

De ello se deduce que el volumen de ese octaedro es igual al conjunto de los cuatro tetraedros menores, o lo que es lo mismo, la mitad del volumen del tetraedro mayor corresponde al octaedro.

En efecto, tenemos que $V_2 = 8 V_1$ y que el volumen de los 4 tetraedros menores es $4 V_1$. Por lo tanto el volumen del octaedro también es $(8 V_1) - (4 V_1) = 4 V_1$

Así pues, comprobamos que el volumen de cada capa de esa Matriz Tridimensional que hemos construido se reparte en un 50 % de Tetraedros y otro 50 % de Octaedros, todos ellos de igual arista, de modo que el conjunto se visualiza como la superposición de una trama tetraédrica y otra octaédrica.

TRAMA TETRAÉDRICA

TRAMA OCTAÉDRICA

Módulo base

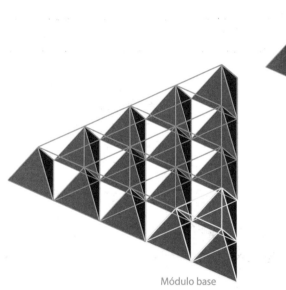

Módulo base

Analicemos ahora la geometría del Octaedro y su posición en la nueva matriz 3D obtenida.

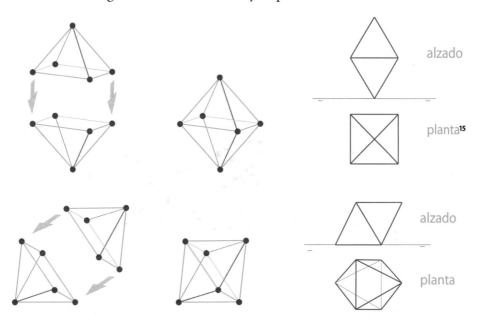

alzado

planta[15]

alzado

planta

No obstante, hay otro modo de interpretar este poliedro.

En efecto, observando el interior del Octaedro se aprecia que está formado por tres cuadrados perpendiculares entre sí, de modo que cada uno de ellos tiene dos vértices comunes con los otros dos, configurando así los 6 vértices y las 12 aristas que lo constituyen.

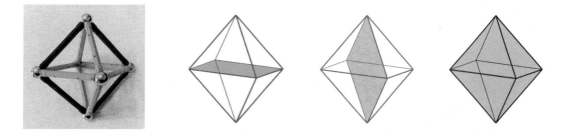

A cada uno de esos cuadrados le corresponde una concepción distinta del Octaedro.

---

15. De nuevo surge la cruz griega circundada por un cuadrado, la cual ya habíamos encontrado en el análisis del Tetraedro (pág. 63).

    En aquel caso la cruz se formaba por la proyección de una arista sobre otra.

    Ahora se trata de dos pirámides cuadrangulares que se proyectan sobre su base común.

Pero esas tres visiones son todas exactamente la misma.

Dicho de otro modo, una única representación de ese volumen contiene tres octaedros diferentes.

Por lo tanto, acabamos de encontrar la plasmación geométrica de un concepto universal, propio de multitud de culturas a lo largo de la historia de la Humanidad.

Ese concepto es la **TRINIDAD**, definida como una Unidad formada por tres entidades donde todas ellas son a la vez parte y totalidad.

La observación del interior del Octaedro conduce a una estructura que ya habíamos encontrado como origen de toda geometría (pág. 39), y que ahora se manifiesta claramente en 3D: La Cruz de Tres Aspas, constituida por tres ejes donde cada cual es perpendicular a los otros dos.[16]

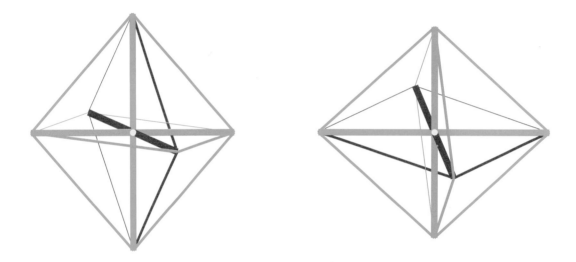

16. La Trinidad: tres planos, tres direcciones, tres seres en definitiva, que representan tres principios universales distintos, necesarios para describir la realidad, la cual no es concebible si alguno de ellos falta.

Son incontables los textos, símbolos y creencias que se apoyan en ese concepto, de las formas más diversas, algunos fechados en los tiempos más remotos de la historia conocida de la Humanidad.

Se ha utilizado para describir el mundo (Tierra/Mar/Cielo, Nacimiento/Vida/Muerte…), y ha sido asociado también a multitud de conceptos abstractos (Pasado/Presente/Futuro, Cuerpo/Mente/Espíritu, Libertad/Igualdad/Fraternidad…). Asimismo, la mayor parte de las religiones han adoptado esa figura como parte fundamental de su teología.

Las tríadas de dioses surgen por doquier. Entre las más célebres cabe destacar: Ra/Ptah/Amón, Osiris/Isis/Horus, Indra/Agni/Soma, Brahma/Vishnú/Shiva, Zeus/Poseidón/Hades, Júpiter/Neptuno/Plutón, Dios Padre/Hijo/Espíritu Santo, Thor/Odín/Heimdal.

Veamos las proporciones que se dan entre los distintos parámetros geométricos de ese poliedro que, como iremos descubriendo a lo largo del presente estudio, resulta fundamental para la comprensión del desarrollo de la 3D.

En su geometría interna se observa la secuencia numérica siguiente:

$$AB = 1 = \sqrt{1}$$
$$CD \quad = \sqrt{2}$$
$$CM + MD = \sqrt{3}$$

Encontraremos esta secuencia otra vez más, durante el análisis del Hexaedro (pág. 106).

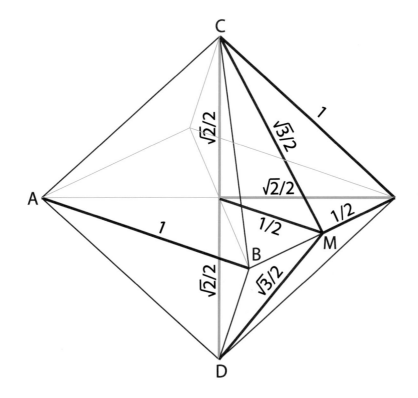

Profundizando en la investigación de la estructura de la trama mixta 3D compuesta por tetraedros y octaedros, se observa que cada tetraedro se halla rodeado por 4 octaedros, formándose una figura a la que podemos llamar CRUZ OCTAÉDRICA, en la cual cada uno de los octaedros tiene una cara en común con el tetraedro al que entre todos rodean.

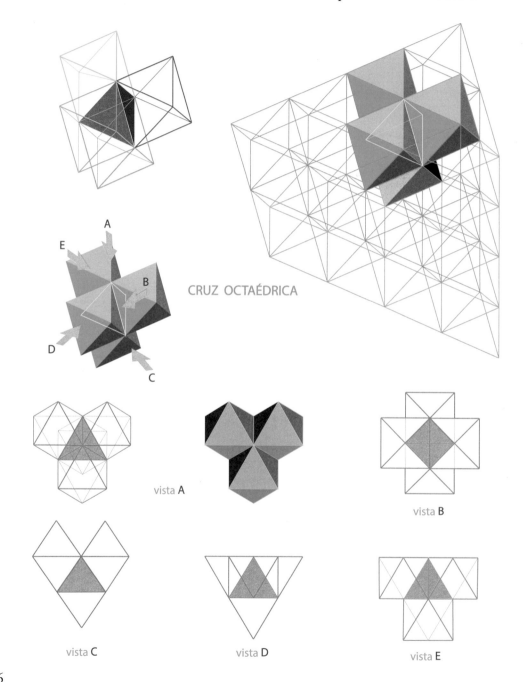

CRUZ OCTAÉDRICA

vista A

vista B

vista C

vista D

vista E

La Cruz Octaédrica, que como hemos visto se circunscribe al tetraedro inicial, queda a su vez inscrita en un tetraedro mayor, de arista igual al triple del primero, invertido y girado 180º respecto al mismo.

Ese tetraedro mayor queda formado por los cuatro octaedros de la cruz recién obtenida, más once tetraedros: el inicial y otros diez también invertidos y rotados 180º en relación a él.

De esos once tetraedros, siete corresponden a la capa superior (azul en el dibujo), incluido el inicial, tres a la capa intermedia (naranja) y uno a la inferior (verde).

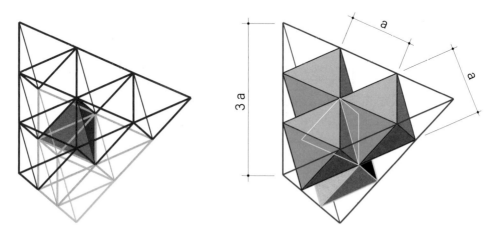

Continuemos con esta matriz 3D y observemos la capa inmediata por encima del tetraedro inicial.

Vemos ahora que ese tetraedro comparte uno de sus vértices con seis octaedros, los cuales entre todos ellos forman un octaedro de arista igual al doble de la de aquéllos.

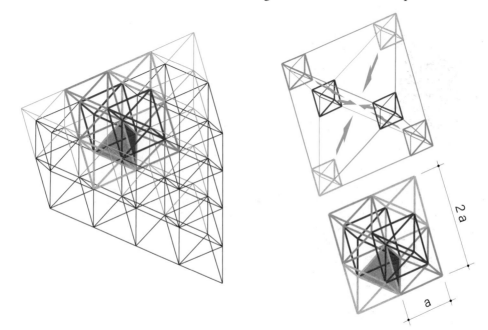

87

Cuboctaedro

En el interior de ese octaedro mayor se observa una Estrella Dodecagonal en 3D, con su centro situado en el vértice superior del tetraedro inicial y sus 12 extremos en los centros de las aristas de aquél.

Los extremos de esa estrella corresponden a los vértices de los cuadrados de los seis octaedros que rodean al tetraedro inicial, y en su conjunto configuran un nuevo poliedro constituido por 6 cuadrados y 8 triángulos equiláteros, que lleva por nombre CUBOCTAEDRO.[17]

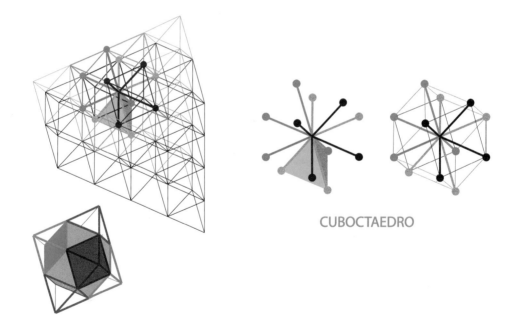

CUBOCTAEDRO

17. El Cuboctaedro es uno de los denominados Sólidos Arquimedianos, que deben su nombre al gran sabio Arquímedes de Siracusa (-287/-212), entre cuyos numerosos logros se encuentra el desarrollo del análisis de los poliedros, partiendo de las enseñanzas de Pitágoras, Platón, y sobre todo Euclides. Los Sólidos Arquimedianos son 13 poliedros convexos mixtos, simétricos y no prismáticos, cuyas características comunes estriban en que sus aristas son todas de igual longitud y sus caras están formadas por dos o más polígonos regulares. Todos ellos se obtienen truncando mediante planos alguno de los cinco Sólidos Platónicos.

El Cuboctaedro se obtiene comúnmente seccionando un octaedro mediante seis planos, que son los que definen los seis cuadrados que lo configuran.

Por consiguiente, las piezas extraídas al truncar ese octaedro son seis pirámides cuadrangulares.

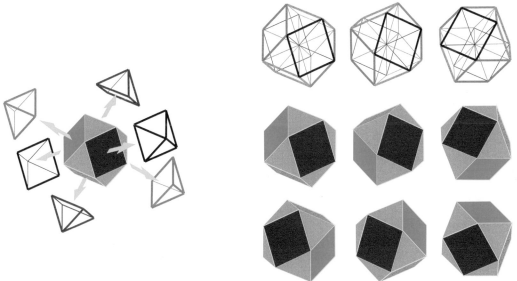

El interior del Cuboctaedro atesora una forma que va a resultar trascendental en el desarrollo del presente estudio.

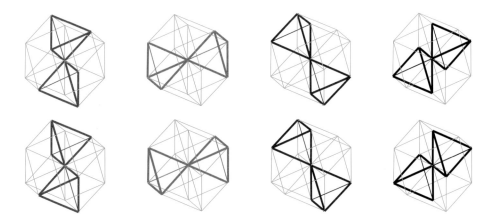

Se trata de una estructura formada por dos tetraedros invertidos y girados 180º entre sí, con un vértice común a ambos.

Esa estructura se fractaliza hasta configurar el Cuboctaedro.

Para ser exactos, lo que se forma es un cuboctaedro cóncavo, puesto que los espacios correspondientes a las seis pirámides cuadrangulares que completarían el cuboctaedro convexo quedan vacíos.

Cualquier vista que se tome del cuboctaedro cóncavo contiene 4 de esas figuras bitetraédricas, que se convierten en 8 si consideramos todas las que se observan por cada perímetro aparente del mismo.

En ese conjunto de ocho figuras, las cuatro de cada fila en la ilustración anterior resultan ser idénticas a sus correspondientes de la otra, sólo que aparecen giradas 60º entre sí.

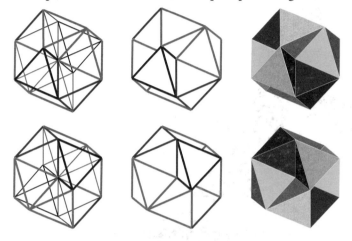

Observando el conjunto de ocho estructuras bitetraédricas nos percatamos de algo que resultará fundamental, no sólo para la comprensión de la 3D, sino también de lo que llamamos realidad: esas figuras, que son todas la misma, están girando sobre su centro.

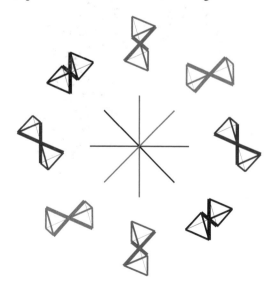

Así como la estructura formada por dos tetraedros invertidos nos permitió concluir que la 3D late, o respira (pág. 71), esta otra, donde esos mismos tetraedros están girados entre ellos, nos conduce a otra deducción trascendental:

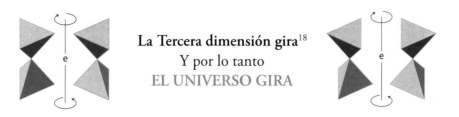

La Tercera dimensión gira[18]
Y por lo tanto
EL UNIVERSO GIRA

En adelante, aquí llamaremos TETRAGIRO a la figura constituida por dos tetraedros invertidos entre sí, unidos por un vértice común, y de modo que sus caras opuestas son paralelas.

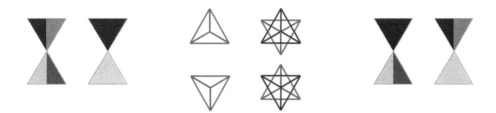

La apariencia del Cuboctaedro cóncavo, en vista perpendicular a los cuadrados que forman su envolvente exterior, se inscribe en un cuadrado mayor, tangente al primero y girado 45º respecto al mismo. Una vez más surge el cuadrado como proyección, y la cruz griega que vimos aparecer en la página 63 se fractaliza y expande.

Vista perpendicular
a un cuadrado del cuboctaedro

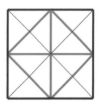

18. En 1925, el físico Ralph Kronig (1904/1995) introdujo el concepto de SPIN (que significa GIRO, en inglés) como una propiedad de la materia por la cual toda partícula elemental presenta un momento angular que genera un campo magnético de valor constante. Esa propiedad es intrínseca de cada partícula, como lo son su masa o su carga eléctrica.

Desde ese punto de vista, las posiciones de los cuatro tetragiros que lo componen son las siguientes:

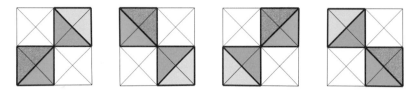

El Cuboctaedro cóncavo, en resumen, es el volumen resultante de unir ocho tetraedros de modo que todos ellos tienen un vértice común, y cada uno comparte una arista con uno solo de los otros siete.

En la página 89 hemos visto que el Cuboctaedro conduce al Octaedro al adosarse a él seis pirámides cuadrangulares.

No obstante, puesto que el Cuboctaedro obtenido mediante los cuatro tetragiros es cóncavo, realmente lo que completa el volumen del Octaedro son seis octaedros menores, siendo las seis pirámides solamente el resto de la apariencia exterior del octaedro mayor.

Las imágenes que siguen ilustran lo que acabo de decir, aunque sólo se observan cinco octaedros menores, puesto que el sexto queda oculto por el central.

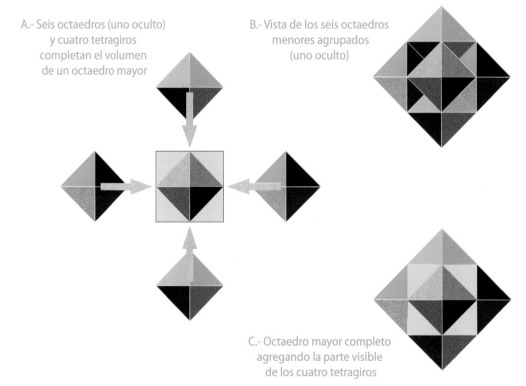

A.- Seis octaedros (uno oculto) y cuatro tetragiros completan el volumen de un octaedro mayor

B.- Vista de los seis octaedros menores agrupados (uno oculto)

C.- Octaedro mayor completo agregando la parte visible de los cuatro tetragiros

Todo ello se hace más evidente al observar el Cuboctaedro cóncavo perpendicularmente a uno de los triángulos que se encuentran en su superficie.

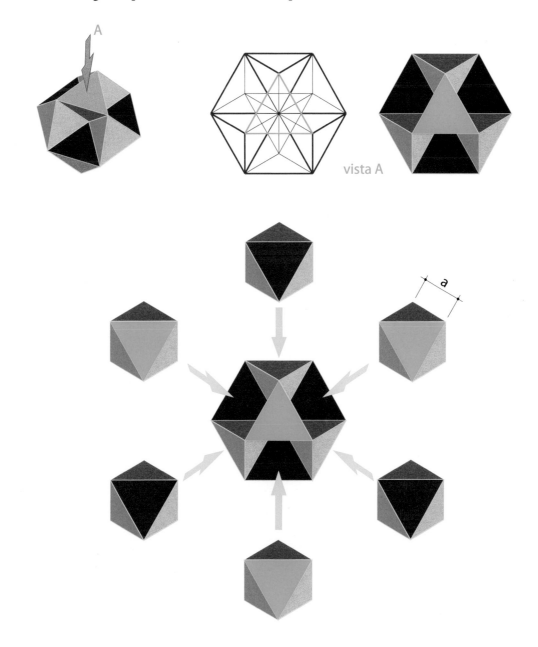

Los seis octaedros menores se introducen parcialmente en el cuboctaedro cóncavo y completan el volumen de un octaedro mayor, de arista igual al doble de la de aquéllos.

 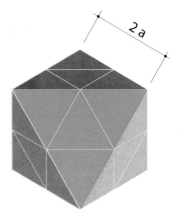

Desde ese mismo punto de vista las posiciones de los cuatro tetragiros que constituyen el cuboctaedro cóncavo son las siguientes:

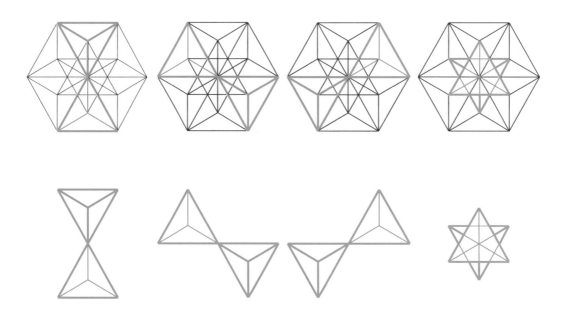

Consideremos ahora el cuboctaedro convexo habitual.

Vemos que los doce rayos que surgen del tetraedro que lo origina (pág. 88), y que son también sus ejes de simetría, confluyen en el centro del conjunto y corresponden a las aristas de los cuatro tetragiros que lo configuran.

El Cuboctaedro tiene una característica peculiar: todas sus aristas (24) y todos los vectores trazados de su centro a sus vértices (12) tienen igual longitud (la del tetraedro inicial), y la relación angular entre ellos es constante (60º).[19]

Y todavía hay una consideración más a hacer sobre ese haz de 12 rayos: la propagación de la 3D se produce desde cada uno de los 4 vértices del tetraedro originario.

Por lo tanto, cada uno de ellos genera un cuboctaedro, o lo que es lo mismo, en total se obtienen 12 x 4 = 48 vértices, de un total de 4 cuboctaedros, los cuales, como se ha visto, giran por efecto de los 4 tetragiros que se encuentran en el interior de cada uno de ellos.

Al final de la primera parte de este estudio retomaremos el tema, que nos va a conducir a muy interesantes conclusiones.

Pero ahora todavía quedan cuestiones por explorar partiendo de la geometría del Cuboctaedro.

---

19. El arquitecto R. Buckminster Fuller (1895/1983), estudioso y creador de las primeras estructuras geodésicas, incidió en esta particular característica del Cuboctaedro, al que definió como «Vector Equilibrium» (VE). Según la cosmogonía de Fuller, el VE contiene la condición exacta para el perfecto equilibrio de la energía en el Universo. «El Vector de Equilibrio es el punto de salida de todo suceso o no-suceso: es el teatro vacío, el circo todavía a oscuras, el negro Universo en fin, listo para acoger cualquier hecho y cualquier protagonista», es una poética definición que se atribuye a este magnífico investigador.

En efecto, existe otra forma de concebir el Cuboctaedro, investigando atentamente su periferia.

Si unimos sus vértices tal como se aprecia en las figuras siguientes, se forman 4 hexágonos regulares, de manera que cada uno de ellos mantiene un eje común con cada uno de los otros tres.

También se observa que cada hexágono se obtiene rotando cualquiera de los demás 60º sobre su centro.

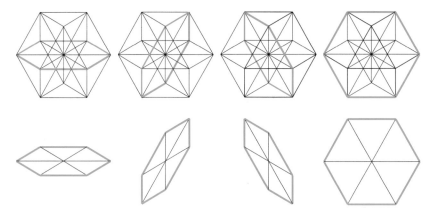

Lógicamente, la superposición de esos cuatro hexágonos conduce de nuevo al Cuboctaedro.

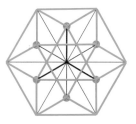

Desde el punto de vista adoptado, perpendicular a las bases de su tetragiro central, el Cuboctaedro se proyecta como un hexágono regular.

Ese hexágono determina un fractal multiplicador de razón 2 del tetragiro inicial, rotado 30º respecto al mismo.

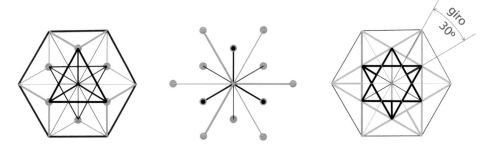

Estrella Tetraédrica o Merkaba

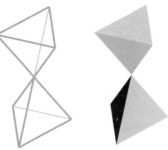

El Tetragiro, que se ha mostrado como el volumen generador del Cuboctaedro, va a ir mostrando poco a poco a lo largo del presente estudio su posición central en la geometría de la 3D.

Una visión fractalizada del Tetragiro puede ser la siguiente:

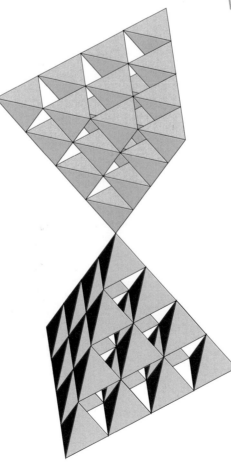

La propagación del Tetragiro en el espacio 3D hace surgir un nuevo volumen, la ESTRELLA TETRAÉDRICA, la cual, bajo denominaciones muy diversas, forma parte importante de la simbología de múltiples culturas.[20]

20. Algunas fuentes localizan en la XVIII Dinastía del Antiguo Egipto el origen de este símbolo, entendiéndolo como la unión de tres conceptos: MER (dos luces que giran en dirección opuesta la una respecto a la otra), KA (espíritu individual) y BAH (manifestación corpórea del espíritu).

La Torah, libro sagrado del judaísmo, denomina MERKAVAH a esta figura, asociándola al «Carro del Trono» o «Carroza Celestial» descrito en el Libro de Ezequiel, y dotándola de un amplísimo significado en su tradición mística (Kaballah), donde forma parte de las enseñanzas más secretas, sólo accesibles para una élite de iniciados.

También se encuentra en el Libro del Pentateuco del Antiguo Testamento de la Biblia, asociada a la imagen de un «Carro Alado de Fuego» que abduce en un torbellino al profeta Elías, y en la cual el número cuatro es el elemento clave: 4 alas, 4 ruedas y cuatro animales que lo flanquean.

La tradición hebraica la utiliza como símbolo bidimensional, con la denominación de «Escudo de David», y en la cultura judeoislámica fue conocida como «Sello de Salomón».

En los Yantras del hinduismo se encuentran también visiones relacionadas con este símbolo (Shri Yantra, Saraswati Yantra).

Asimismo, es una configuración clave en la Geometría Sagrada, o Geometría Natural, donde es conocida como MERKABA, y ampliamente utilizada por la corriente espiritual de la Nueva Era (*New Age*), cuyos orígenes se encuentran en Estados Unidos durante los años sesenta del siglo xx, y que está en desarrollo desde entonces sobre todo en el llamado mundo occidental de nuestra civilización actual.

Cabe hacer notar que en el presente estudio también ha aparecido al proyectarse uno de los tetraedros del Tetragiro sobre el otro (pág. 91).

Observémosla con detalle.

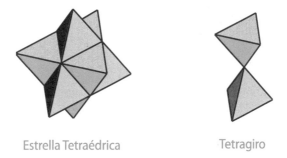

Estrella Tetraédrica   Tetragiro

En una primera aproximación, la Estrella Tetraédrica puede ser entendida como la macla de dos tetraedros invertidos entre sí, y además girados 180º el uno respecto al otro.

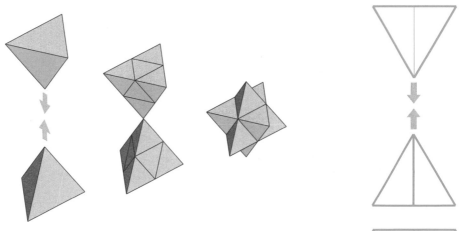

Utilizando lo aprendido aquí, también podemos concluir que el Merkaba se obtiene a partir de un tetragiro, en el cual los dos tetraedros que lo componen colapsan uno dentro del otro.

De este modo, la apariencia externa del nuevo poliedro se ve como ocho tetraedros de arista igual a la mitad de la de los dos iniciales.

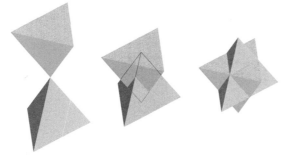

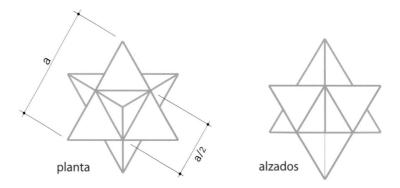

planta   alzados

Descomponiendo la Estrella Tetraédrica en los ocho tetraedros que configuran su apariencia exterior, se observa que en el centro de la misma surge un Octaedro.

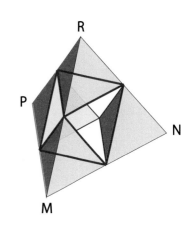

En las páginas 79 y 81 comprobamos que el Octaedro queda cobijado entre cuatro tetraedros, los cuales configuran un Tetraedro mayor (M/N/P/R).

Ahora hemos completado esa visión al observar que la Estrella Tetraédrica, o Merkaba, alberga en su núcleo ese mismo Octaedro, como una joya depositada en un cofre no menos precioso.

Ese Octaedro queda asimismo configurado uniendo mediante segmentos los seis vértices interiores de la Estrella Tetraédrica.

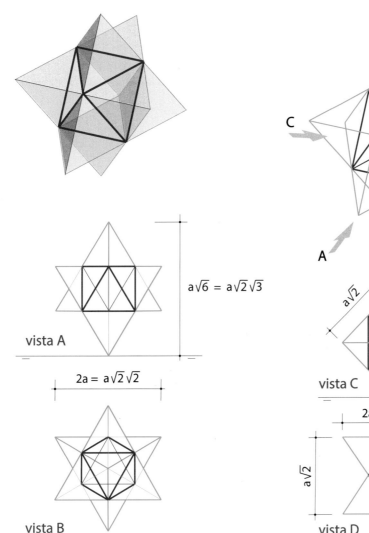

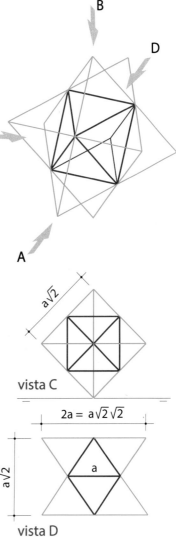

vista A

$$a\sqrt{6} = a\sqrt{2}\sqrt{3}$$

$$2a = a\sqrt{2}\sqrt{2}$$

vista B

vista C

$$a\sqrt{2}$$

$$2a = a\sqrt{2}\sqrt{2}$$

$$a\sqrt{2}$$

$$a$$

vista D

101

Hexaedro (Cubo)

El Hexaedro fue el primer Sólido Platónico en surgir en esta investigación (págs. 33 y ss.), y ahora lo hace de nuevo, con el análisis de la envolvente de la Estrella Tetraédrica.

En efecto, uniendo mediante segmentos los ocho vértices exteriores del Merkaba se configura un Cubo, que es la denominación más común con la que es conocido el Hexaedro.

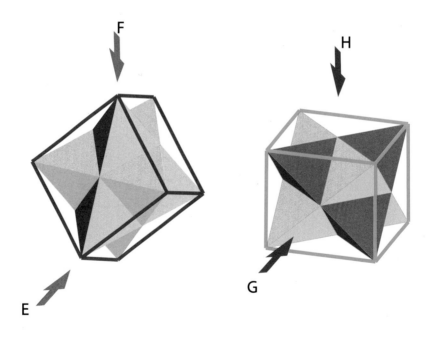

En las vistas G y H, el Merkaba y el Cubo se muestran como un cuadrado que circunscribe dos cruces griegas superpuestas,[21] las cuales corresponden a las proyecciones de los radios vectores trazados desde el centro geométrico del conjunto.

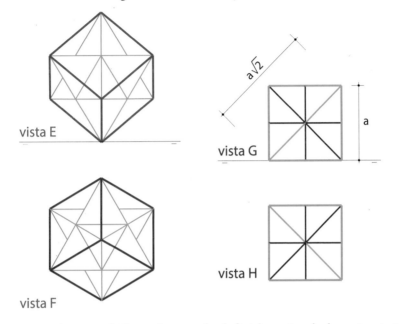

vista E

vista G

vista F

vista H

Hemos visto que así como el Octaedro queda definido uniendo los seis vértices interiores del Merkaba, el Hexaedro se forma haciendo lo propio con los ocho vértices exteriores del mismo, de modo que esos tres volúmenes se encuentran entrelazados entre sí.

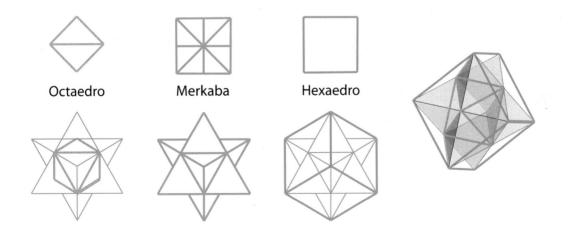

Octaedro   Merkaba   Hexaedro

---

21. De nuevo encontramos la cruz griega, pero esta vez en una versión más compleja, a menudo denominada Cruz Doble. Se trata de un símbolo frecuentemente utilizado en Heráldica.

103

Yuxtaponiendo hexaedros indefinidamente, encajados de modo que sus caras respectivas coincidan, se forma de nuevo la infinita Matriz Geométrica de la 3D, un sistema perfectamente isótropo, que puede ser concebido como una macla de tetraedros/octaedros, pero también como una sucesión de hexaedros adosados entre sí en las tres direcciones de las coordenadas cartesianas (XYZ).[22]

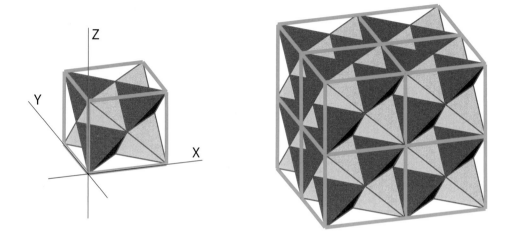

Por lo tanto, el Hexaedro es el único poliedro regular que, por sí mismo, ocupa la totalidad del espacio tridimensional.

Ahora bien, el Hexaedro no es una estructura isostática. Esto es, para ser autosustentable, o lo que es lo mismo, para que su geometría se mantenga estable, sus vértices han de ser formados mediante la unión rígida de sus aristas, de lo contrario, colapsa.

En cambio, la malla tetraédrica/octaédrica es autoportante simplemente mediante la unión articulada de sus aristas, por lo que es estable en sí misma.

Es por ello que cabe considerar la estructura hexaédrica como secundaria en relación a la tetraédrica/octaédrica, dado que sin ésta, aquélla no es estable.

---

22. El «Sistema Cartesiano de Coordenadas», así denominado en honor al matemático y filósofo René Descartes (1596/1650), concebido inicialmente en 2D, permite localizar cualquier punto del espacio 3D mediante las tres proyecciones de ese punto sobre un triedro ortogonal de referencia.

Entrelazamiento Merkaba/Hexaedro/Octaedro/Tetraedro

Exteriormente el Cubo está constituido por seis cuadrados paralelos entre sí dos a dos, de forma que cada uno de sus ocho vértices está formado por un triedro de 90º.

No obstante, desde la visión de su geometría interna, ese volumen queda compuesto por seis pirámides de base cuadrada y altura igual a la mitad de la arista del Hexaedro.

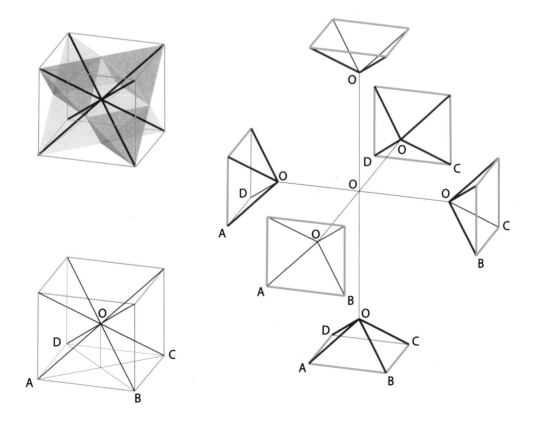

Se observa la misma secuencia que surgió analizando la geometría del Octaedro (pág. 85).

$$AB = BC = MN = 1 = \sqrt{1} \quad / \quad AC = \sqrt{2} \quad / \quad CE = \sqrt{3}$$

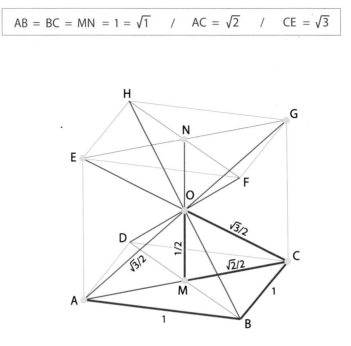

Veamos ahora cuál es la relación entre las geometrías del Cubo y el Octaedro.

Adosando una pirámide cuadrangular sobre cada una de las seis caras del Hexaedro, y de modo que su altura sea igual a la arista del mismo, se obtiene una Estrella Hexaédrica.

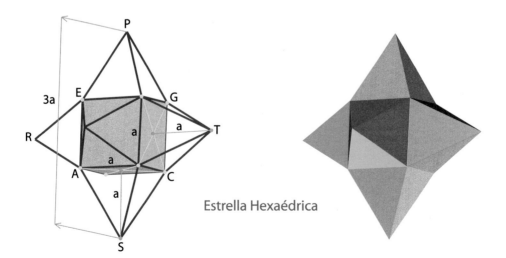

Estrella Hexaédrica

Se comprueba fácilmente que los seis vértices libres de esa construcción configuran un Octaedro, cuyas diagonales miden el triple de la arista del Hexaedro.

Cabe notar también que los vértices del Hexaedro coinciden con los centros de las caras del Octaedro, y por lo tanto el primero queda inscrito en el segundo.

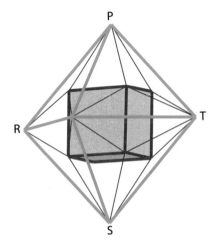

En definitiva, el Merkaba se encuentra contenido en el Hexaedro (pág. 102), y ahora hemos comprobado que éste a su vez está inscrito en el Octaedro, el cual, como vimos en las páginas 79 y 81, queda acogido por el Tetraedro.

En la imagen adjunta se muestra una visión de esos cuatro volúmenes, sucesivamente inscritos el uno en su siguiente.

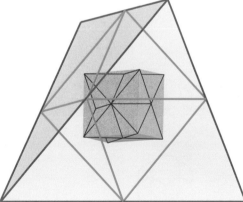

Tomando como unidad el volumen del Merkaba, se obtiene la siguiente serie numérica:

MERKABA	HEXAEDRO	OCTAEDRO	TETRAEDRO
1	2	9	18

Cubo de Metatrón

Como se ha dicho, el Hexaedro, o Cubo, ya había aparecido en la parte inicial de este estudio, al analizar la Semilla de la Vida en 3D.

Ahora hemos vuelto a encontrarlo envolviendo a la Estrella Tetraédrica.

Esa constatación conduce a pensar que debe existir relación entre el Merkaba y la Flor de la Vida.

Veámoslo.

Una primera aproximación nos llevó a identificar una estructura de ocho esferas, que podían ser inscritas en un hexaedro.

En la página 35 se analizó una visión tridimensional de la Semilla de la Vida, lo cual nos permitió concebirla como siete esferas: una central y otras seis a su alrededor.

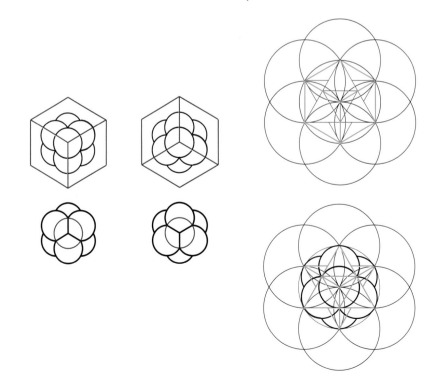

Al introducir en este conjunto la Estrella Tetraédrica y el Hexaedro que la contiene, haciendo coincidir los vértices respectivos con los centros de las esferas, surgen no 7, ni 8 esferas, sino 9: una esfera por vértice son 8, más la central, son 9… De nuevo el 9.

Por lo tanto, estamos en condiciones de anunciar tres nuevas conclusiones:

1. La Semilla de la Vida concebida en 3D está constituida por NUEVE esferas.
2. La Estrella Tetraédrica, o Merkaba, surge de la fractalización de la esfera en nivel 9, constituyendo, por así decir, el esqueleto de la Semilla de la Vida.
3. Ese poliedro representa la imagen tridimensional del número 9.
   (*Véase* pág. 25: Matriz de la Vida)

Veamos ahora el Merkaba no como sólido, sino como estructura tridimensional.

Por el análisis desarrollado en las páginas anteriores, sabemos que en su periferia hay 8 vértices, y hemos visto también que en su interior se aloja un Octaedro, que son 6 vértices más. En total, 14.

En el gráfico adjunto se aprecian los 6 vértices del Octaedro (color cyan) pero sólo 7 de la periferia (color magenta), que en total son 13.

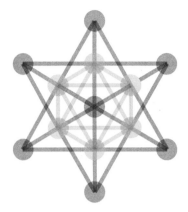

La explicación, bastante obvia, reside en que el vértice restante queda oculto justo detrás del que ocupa la posición central de acuerdo con el punto de vista adoptado en ese dibujo.

Se trata del CUBO DE METATRÓN.[23]

Si ampliamos las esferas hasta conseguir que se vean tangentes entre ellas, desapareciendo así los segmentos que las unían en la ilustración anterior, surge una figura crucial de la denominada Geometría Sagrada.

Hay que entender esa entidad en 3D, puesto que define un Cubo (Hexaedro), y no en 2D, como frecuentemente se analiza, cometiendo errores que distorsionan la interpretación.

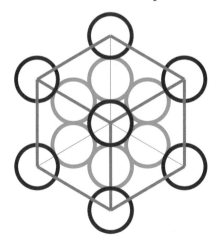

---

23. En la tradición religiosa del Talmud, Metatrón es un ser angélico del más alto rango, encargado de la mediación entre el ser humano y la divinidad.

En el Libro de Enoc, Metatrón es el propio Enoc convertido en ángel y ascendido a los cielos.

Al observarlo en volumen, se evidencia que no existe un nodo central en el Cubo de Metatrón, lo cual sí parece existir de acuerdo con su proyección bidimensional. Y como ya hemos puntualizado, el número de esferas que lo componen es de 14, no 13 como así se ve en 2D.

El Merkaba (Estrella Tetraédrica) nos remite así al inicio de nuestro análisis, cerrando un ciclo en el desarrollo del mismo.

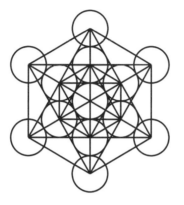

Podemos concluir, por lo tanto, que el Merkaba es la estructura subyacente en el Cubo de Metatrón, así como en la Matriz de la Vida definida en este estudio (págs. 23 y ss.).

Frecuentemente el Cubo de Metatrón se conoce como Fruto de la Vida, y cabe observar que su Octaedro central corresponde a la Semilla que se encuentra contenida en la Flor de la Vida (págs. 19 y ss.).

Expansión de la Matriz 3D

Veamos cómo se produce la fractalización del Merkaba en la 3D.

Para ello partimos de una visión sintética de esa figura en 2D, y tomándola como patrón repetitivo, observamos que las piezas van ocupando todo el espacio, maclándose uniformemente entre ellas.

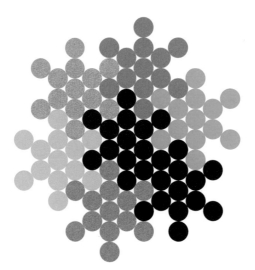

La fractalización del Tetragiro, que hizo surgir la Estrella Tetraédrica, ya nos ofreció una visión tridimensional de esa matriz (pág. 98).

En la página 82 comprobamos que la matriz 3D queda ocupada por tetraedros y octaedros, al 50 %.

En la ilustración adjunta se observa como el Merkaba, que recordemos, está formado por un octaedro y ocho tetraedros, se fractaliza también dentro de esa estructura.

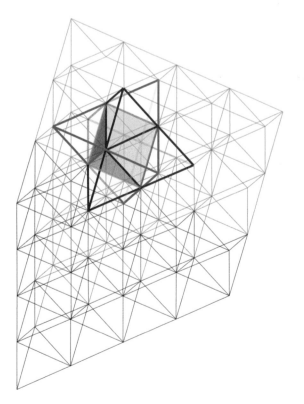

Posicionemos ahora el Merkaba de modo que el Octaedro que se encuentra en su núcleo se vea según las direcciones A y B de las imágenes siguientes:

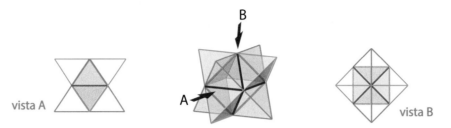

Y ahora expandamos ese volumen en la 3D.

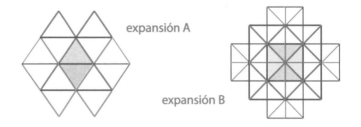

Obtenemos un conjunto de doce octaedros que rodean a uno central, luego trece en total, formando una cruz en tres dimensiones.[24]

Eso completa el análisis referente a la Cruz Octaédrica (págs. 86 y 87), la cual, como se vio, está constituida por cuatro octaedros circundando a un tetraedro.

Cruz
Octaédrica
16 nodos
42 aristas

---

24. Esta visión induce a pensar en un símbolo de gran importancia en la cultura ancestral de los Andes Centrales. Se trata de la Chakana, o Cruz Andina, también denominada en ocasiones Cruz Atlante, que bien pudiera ser una abstracción del volumen que estamos analizando, y así lo consideramos aquí.

Habitualmente es representada con un círculo en su centro, y desde tiempos muy remotos se le atribuyen connotaciones de orden cosmogónico y espiritual.

La visión tridimensional de esa expansión nos permite localizar el Octaedro y el Merkaba contenidos en la Chakana.

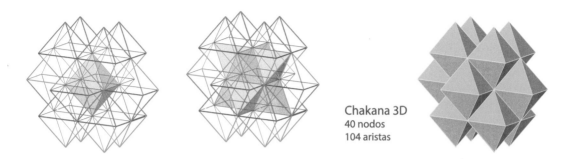

Chakana 3D
40 nodos
104 aristas

En definitiva, la Matriz 3D se estructura mediante la fractalización del Octaedro, dando lugar a una submatriz de tetraedros. Asimismo cabe la interpretación complementaria: la Matriz 3D surge de la fractalización del Tetraedro, dando lugar a una submatriz de octaedros (pág. 82).

Continuando el proceso de expansión iniciado en la página anterior obtenemos un fractal del Octaedro origen (vista A).

En la vista B observamos cómo se completa un nuevo nivel de la fractalización de cuadrados y cruces griegas que surgió en la proyección bidimensional del Cuboctaedro cóncavo (págs. 91 y 92).

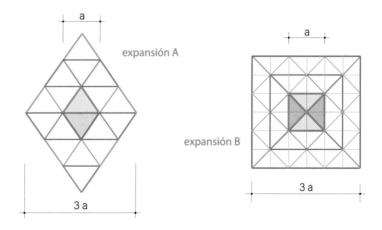

a

expansión A

3 a

a

expansión B

3 a

La arista de ese octaedro es tres veces mayor que la del inicial, y está formado por 19 octaedros iguales, incluido el de origen.

Se observa que ocho octaedros rodean al inicial, compartiendo todos ellos un mismo nivel.

Cuatro octaedros se sitúan por encima, y otros cuatro por debajo de los anteriores, maclándose con ellos.

Finalmente, un octaedro forma la cúspide superior, y otro más la inferior del octaedro fractalizado.

Esto es:

1 + 8 + 4 + 4 + 1 + 1 = 19, que se descompone en 1 + 9 = 10, y éste en 1 + 0 = 1 = LA UNIDAD.

Es decir, de la fractalización de la Unidad surge otra Unidad de rango superior, y así indefinidamente.

Anteriormente vimos que el Octaedro contiene en sí mismo el concepto de Trinidad (págs. 83 y 84).

Ahora acaba de mostrarse también como representante geométrico de la Unidad.

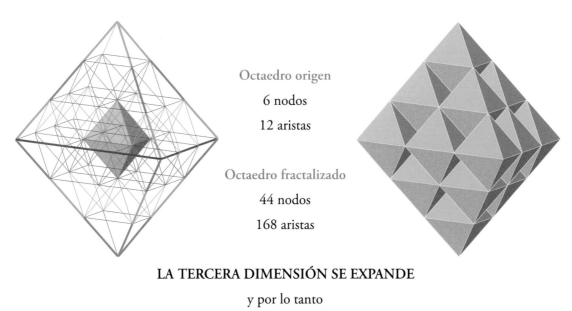

Octaedro origen

6 nodos

12 aristas

Octaedro fractalizado

44 nodos

168 aristas

LA TERCERA DIMENSIÓN SE EXPANDE

y por lo tanto

EL UNIVERSO SE EXPANDE

El Octaedro y la Estrella Tetraédrica determinan una secuencia expansiva que sigue un patrón de razón 3.

En efecto, las aristas sucesivas de ambos poliedros se triplican a cada nuevo nivel, acorde con la serie de las potencias naturales del número 3:

$$
\begin{array}{ccccccccl}
1 & 3 & 9 & 27 & 81 & 243 & 729 & \dots & \\
3^0 & 3^1 & 3^2 & 3^3 & 3^4 & 3^5 & 3^6 & \dots & \Big|\quad a_n = 3^{n-1}
\end{array}
$$

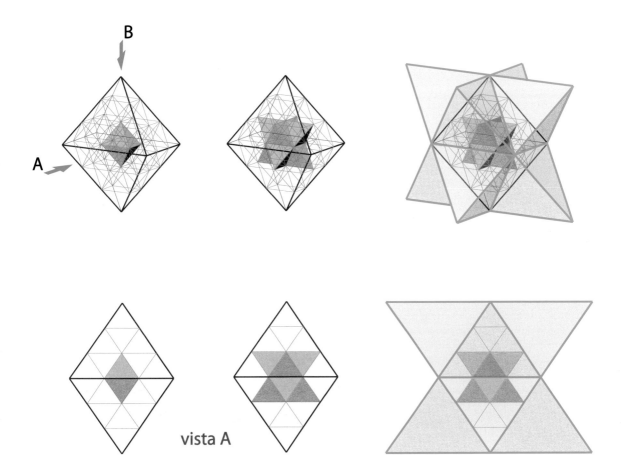

vista A

117

Desde la vista B, el Merkaba proyecta la misma geometría que el Cuboctaedro Cóncavo (pág. 91), esto es, una sucesión fractal giratoria de cuadrados o cruces griegas en expansión.

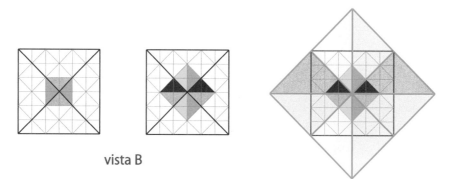

vista B

Observamos que allí donde el Merkaba se contrae, el Cuboctaedro se dilata, y viceversa:[25]

- El Merkaba se contrae internamente y se dilata externamente.
- El Cuboctaedro se dilata internamente y se contrae externamente.

El conjunto de ambos poliedros muestra de nuevo la respiración en la 3D.

---

25. La cosmología contemporánea ha postulado que nuestro Universo se encuentra en un proceso de expansión acelerada (si bien existen voces discordantes al respecto) y atribuye ese fenómeno a la denominada «energía oscura», cuantificada en el 68 % de la materia/energía total, siendo tan sólo el 5 % materia visible, y el 27 % restante materia no visible mediante la tecnología humana. La mecánica cuántica plantea cualquier experiencia de realidad como un suceso que surge del vacío cuántico, un campo energético inmenso en el que una parte ínfima de esa energía se manifiesta como materia.

En el año 1929, una investigación experimental del astrónomo Edwin P. Hubble (1889/1953) condujo a deducir que las galaxias se alejan las unas de las otras a una velocidad proporcional a las distancias entre ellas. Unos años antes, los matemáticos Alexander Friedmann (1888/1925) y Georges Lemaître (1894/1966) habían planteado teóricamente la expansión métrica del espacio. Posteriormente, las aportaciones de Howard P. Robertson (1903/1961) y Arthur G. Walker (1909/2001) completaron la llamada Métrica FLRW, que describe la expansión del Universo de acuerdo con un patrón geométrico homogéneo e isótropo, lo cual encaja conceptualmente con lo argumentado en el presente estudio. Según esa visión, es la propia estructura espacial, esa «energía oscura», la que está en expansión, y por lo tanto los cúmulos de galaxias, sujetos a ella inexorablemente, se alejan más y más los unos de los otros.

En las postrimerías del siglo XX, los equipos liderados por los astrofísicos Saul Perlmutter (n.1959), Brian P. Schmidt (n.1967) y Adam G. Reiss (n.1969), a través de sus estudios relativos a las explosiones astronómicas conocidas como «Supernovas», y por los que en 2011 recibieron el Premio Nobel de Física, reafirmaron la expansión acelerada del Universo, deduciendo que este fenómeno se está produciendo al menos desde hace 4 mil millones de años.

En definitiva, se propone aquí la siguiente visión de síntesis de la Matriz 3D, homogénea, simétrica, isótropa y en continua expansión, como una malla octaédrica primaria de la cual deriva una malla tetraédrica complementaria, en un proceso infinito de dilatación/contracción.

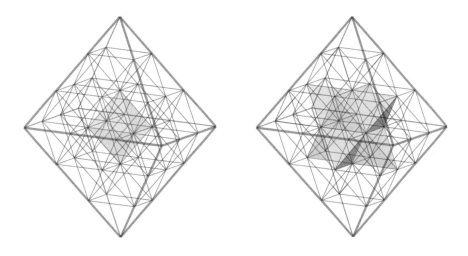

Desde una disciplina científica muy diferente, investigando la percepción sensorial humana y el funcionamiento del cerebro, el neurofisiólogo Jacobo Grinberg (1946/1994?) se expresaba en la misma línea que la Métrica FLRW. Con su «Teoría Sintérgica» dio un paso adelante en la definición de la matriz espacial, que él denominaba «Laticce» (traducida como enrejado, rejilla, celosía, entramado o red), concibiéndola como una estructura espaciotemporal sobre la cual se manifiesta cualquier realidad. Grinberg describía la «Laticce» como ordenada, regular, simétrica e isótropa, y postulaba que lo que llamamos «realidad» se manifiesta como una alteración de esa disposición ideal, producto del proceso que el cerebro realiza al decodificar las señales que percibe.

Aquí encontramos cierta analogía con la concepción de la realidad planteada por la mecánica cuántica, que considera toda experiencia como un «colapso de la función de onda de Schrödinger», lo cual se produce siempre que una partícula es observada.

Grinberg insistía también en que todo en esa red está interconectado, de modo que cualquier acción que se produzca, de cualquier índole que sea, afecta a todo el conjunto.

En este orden de cosas, cabe aludir a la expresión «Todos somos uno», que se ha convertido en un lugar común de múltiples corrientes espirituales contemporáneas. No obstante esa idea no es nueva, sino que ha sido sostenida por numerosas escuelas de pensamiento a lo largo de la Historia. Asimismo, la teoría cosmológica del «Big Bang» defiende que todo nuestro Universo procede de una explosión primigenia, ocurrida hace unos 14 mil millones de años, antes de la cual toda la energía se encontraba reunida, y muchos científicos sostienen que la expansión universal mantiene la memoria de esa unidad.

Una buena ilustración de eso puede ser el popularmente conocido «Efecto Mariposa» que sugiere la posibilidad de que un acontecimiento apenas imperceptible, producido en un lugar y momento determinados, provoque a medio o largo plazo un fenómeno de gran magnitud en un lugar muy distante.

El término se debe al matemático y meteorólogo Edward N. Lorenz (1917/2008), quien en la década de 1960 lo formuló como explicación al comportamiento aleatorio de la climatología, preguntándose: «¿Puede el aleteo de una mariposa en Brasil provocar un huracán en Texas?».

Los estudios de Lorenz relanzaron el interés por la «Teoría del Caos», alcanzando repercusión internacional a partir de 1987, tras la publicación del ensayo: *Caos: la creación de una ciencia*, de James Gleick (n. 1954).

Icosaedro

Pero todavía no hemos terminado con el análisis geométrico del Cuboctaedro.

Existe otra circunstancia que singulariza todavía más a este poliedro, y que surge también de las investigaciones de R.B. Fuller.

Es la siguiente:

Variando de diversas maneras los ángulos entre sus aristas, se forman otros poliedros, todos ellos sólidos platónicos: el Tetraedro, el Octaedro (lo cual no debe sorprendernos, puesto que ambos se encuentran en el origen geométrico del Cuboctaedro) y un tercero, que hace su primera aparición en este ensayo.

Se trata del ICOSAEDRO.

Rotando 30º el hexágono en que se proyecta el Cuboctaedro (paralelamente a las caras exteriores de su tetragiro central), y manteniendo las uniones establecidas entre sus aristas, se obtiene un volumen regular convexo llamado Icosaedro. Presenta 20 caras triangulares (que son triángulos equiláteros iguales a los de los tetragiros originarios), 30 aristas y 12 vértices.

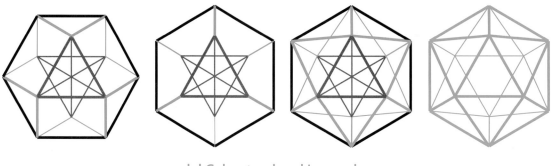

del Cuboctaedro al Icosaedro

Se trata del cuarto Sólido Platónico que aparece en el presente estudio.

En esa transformación del Cuboctaedro al Icosaedro algo parece quedar invariable: el Tetragiro que hemos descubierto en el núcleo del primero.

Veamos si eso es cierto, o no.

Octaedro   Cuboctaedro   Icosaedro

Uniendo los vértices opuestos del Icosaedro surgen diez dobles pirámides, compartiendo todas ellas un punto común, que es el centro geométrico del poliedro.

Esas pirámides en su conjunto configuran la totalidad del Icosaedro.

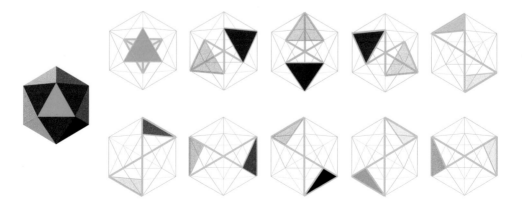

Analicemos si son tetragiros.

Para ello vamos a partir de esa misma vista, representada como planta, que muestra en su verdadera magnitud las aristas del triángulo equilátero (en color cyan) mediante el cual se forma el Icosaedro.

En el alzado B se observa el radio vector 3-4 en su verdadera magnitud.

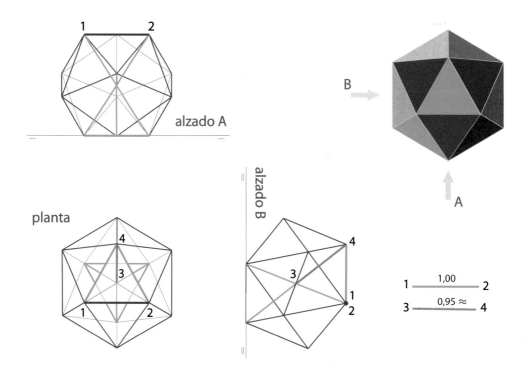

Si las 10 dobles pirámides que están contenidas en el Icosaedro fueran tetragiros, debería cumplirse que ese segmento fuera de igual longitud que la arista del poliedro.

No obstante, al comparar esas longitudes, se aprecia que el vector 3-4 es aproximadamente un 5 % menor que la arista del Icosaedro.

Por lo tanto, la transformación del Cuboctaedro en Icosaedro ha conllevado una contracción de sus radios vectores, aunque no de sus aristas.

Estamos ante una nueva y muy sutil expresión del latido o respiración de la 3D:

Cuboctaedro (espiración/dilatación), Icosaedro (inspiración/contracción).

Vemos pues que las estructuras del Cuboctaedro y el Icosaedro quedan definidas a partir de un nodo central, mediante doce vértices equidistantes al mismo, y también equidistantes entre ellos. Estas construcciones son los únicos poliedros que cabe generar de esa manera, y ambas representan el número 13,[26] el cual ya habíamos encontrado anteriormente en este estudio, concretamente al abordar el tema de la expansión del Merkaba y la formación de la Chakana en 3D (págs. 114 y 115).

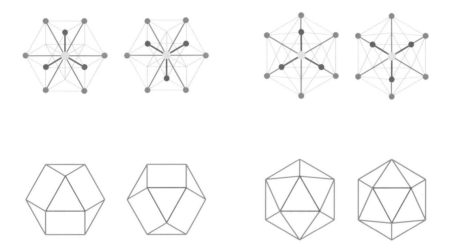

Observando las proyecciones de ambas estructuras parecía que quedan inscritas en sendos hexágonos regulares rotados 60° uno respecto al otro.

26. El número 13 está presente, con muy diversas connotaciones, en la simbología de numerosas culturas desde tiempos remotos.

La cultura Maya, en particular, hacía una interpretación muy acorde con la estructura geométrica que acabamos de desvelar, puesto que concebían el 13 como 12+1, siendo esa unidad el lugar ocupado por la divinidad.

Eso es muy evidente en algunos templos mayas, donde doce columnas rodean un altar central.

El calendario maya también utiliza el 13 como parte de su complejo sistema de medición del tiempo.

En el Antiguo Egipto el 13 era asociado a la muerte, y el dios Ra, símbolo del Sol y responsable del ciclo de la vida y la resurrección, debía transitar doce puertas en vida (día) culminando la decimotercera en la muerte (noche).

En las cartas del Tarot, la número 13 corresponde al Arcano Mayor que simboliza la Inmortalidad.

Doce son los apóstoles alrededor de Jesucristo, el cual también se somete a un proceso de muerte y resurrección. Evidentemente, se trata de diversas manifestaciones de una misma idea.

El hexágono viene apareciendo de forma constante en los análisis de este ensayo, y de hecho ha sido el primer polígono en surgir (pág. 20).

Como es sabido, la forma hexagonal se encuentra en el origen de la vida tal como la conocemos en el planeta Tierra, y resulta muy oportuno recordar que el Hexágono regular es la configuración básica de la Química Orgánica, o Química del Carbono, que por cierto es el elemento número 6 de la Tabla de Mendeléyev.[27] El átomo más estable de Carbono, y más frecuente en nuestra Naturaleza, es el ^{12}C, constituido por un núcleo de 6 protones y 6 neutrones, y otros 6 electrones orbitando en su campo cuántico.

Así como descubrimos cuatro hexágonos investigando la periferia del Cuboctaedro, haciendo lo propio con el Icosaedro vemos surgir un nuevo polígono regular: el Pentágono.

En efecto, en la superficie del Icosaedro se observan seis pentágonos regulares, cada uno de los cuales es tangente a otros dos, secante a otros dos distintos de los anteriores, y opuesto al quinto restante.

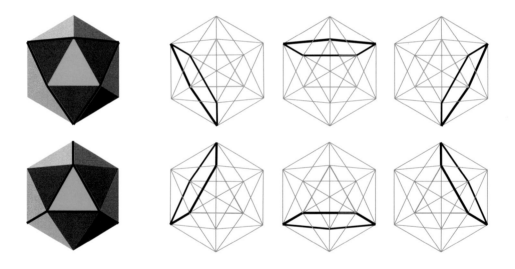

27. En 1869, el científico Dimitri Mendeléyev (1834/1907) publicó su Tabla Periódica de los Elementos, primer intento de ordenación de los componentes químicos básicos de la Naturaleza, de acuerdo con la masa atómica de los mismos. La versión adoptada por la comunidad científica actual se basa en el número de protones del núcleo de cada elemento (número atómico).

Las figuras que se forman en el interior del Icosaedro mediante las superficies delimitadas por cada trío de pentágonos tangentes entre sí son las siguientes:

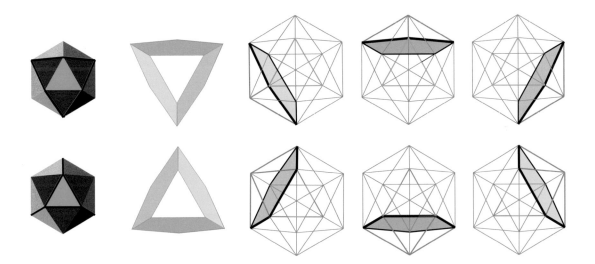

La superposición de todo ello nos conduce a una estrella hexagonal tridimensional formada por seis superficies pentagonales que se intersecan entre ellas:

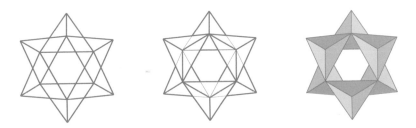

Continuando con la investigación del interior del Icosaedro observamos que se forman en él seis dobles pirámides pentagonales.

Veámoslo con detenimiento.

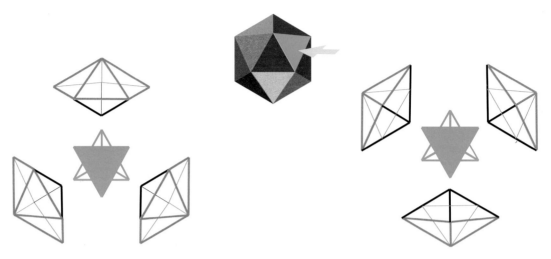

Las caras exteriores de cada una de esas dobles pirámides son triángulos equiláteros, pero como hemos deducido anteriormente, sus aristas interiores no lo son, puesto que se contraen levemente.

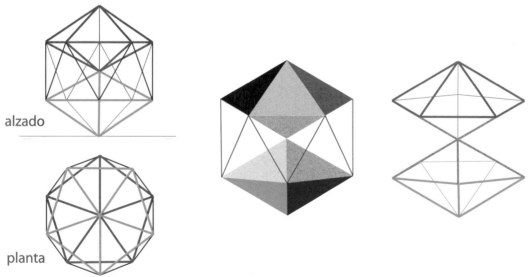

En ese conjunto de seis dobles pirámides pentagonales, cada una de ellas comparte una cara con otras cuatro, siendo tangente a la quinta restante justo en el centro del Icosaedro, y aportando una única cara no compartida a la superficie del mismo.

Por lo tanto esas pirámides cubren 18 de las 20 caras del poliedro, y las 2 restantes son el núcleo central, un tetragiro comprimido aproximadamente un 5 % en sus aristas interiores (pág. 122).

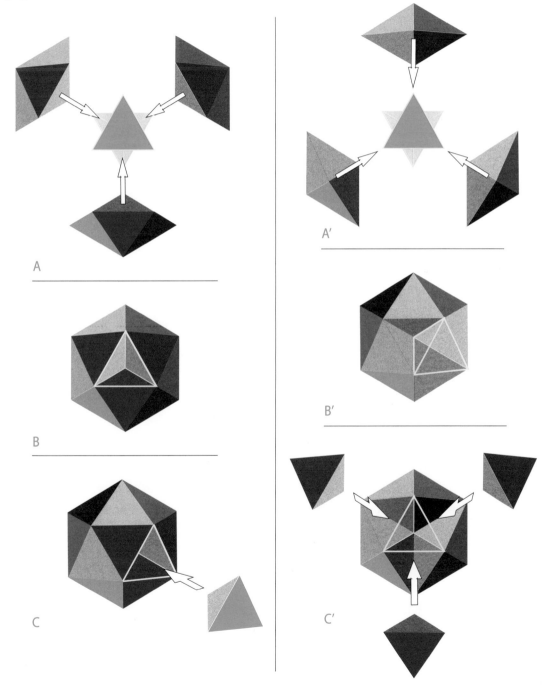

A

A′

B

B′

C

C′

Veamos ahora el Icosaedro desde un punto de vista que manifieste la regularidad de los pentágonos que han aflorado en su superficie.

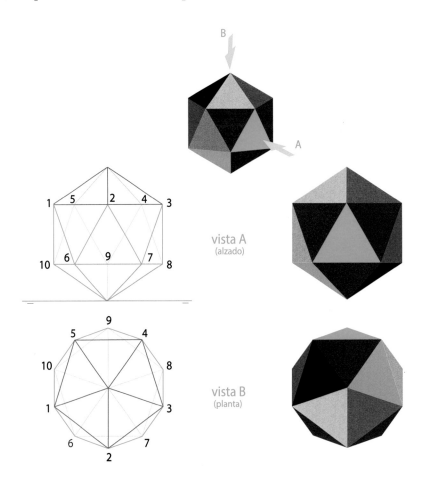

vista A
(alzado)

vista B
(planta)

En efecto, la vista B muestra dos pentágonos regulares (1/2/3/4/5 y 6/7/8/9/10), los cuales en la vista A se muestran como segmentos rectilíneos.

Los otros cuatro pentágonos que completan los seis en total contenidos en la superficie del Icosaedro se observan de forma semejante a lo visto en las páginas inmediatamente anteriores a ésta.

Hasta el momento habíamos trabajado con el Triángulo Equilátero, el Cuadrado y el Hexágono.

El Pentágono, que ha surgido del análisis de Icosaedro, nos permitirá ver aparecer un nuevo poliedro: el DODECAEDRO.

Dodecaedro

En la vista B de la página anterior los dos pentágonos horizontales se proyectan el uno sobre el otro, rotados 180º entre ellos.

Trabajemos dicha proyección bidimensional para construir el DODECAEDRO.[28]

Prolongando los lados de ambos polígonos se forma una estrella decagonal (figura F1), y uniendo sus diez vértices del modo que se muestra en la figura F2, se obtiene un decágono (1/2/3/4/5/6/7/8/9/10) que es el perímetro aparente del poliedro en construcción.

La figura F3 muestra la proyección en planta del nuevo poliedro que, como se observa, queda configurado por doce pentágonos donde los dos iniciales son respectivamente las bases inferior (11/12/13/14/15) y superior (16/17/18/19/20) del mismo desde ese punto de vista.

Veamos ahora cómo se muestra la vista en alzado (V).

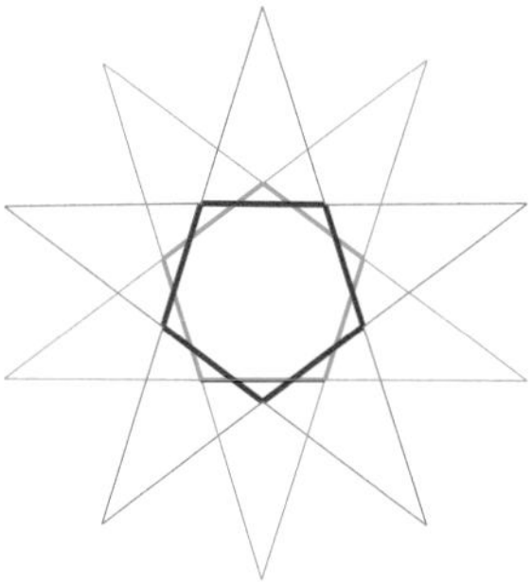

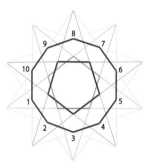

figura F1

figura F2

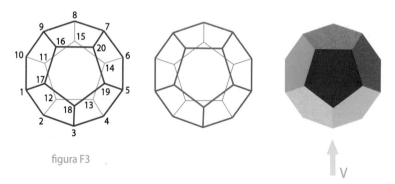

figura F3

V

---

28. Éste es el último de los Sólidos Platónicos en surgir en el presente estudio, completando los cinco que existen: Hexaedro (Cubo), Tetraedro, Octaedro, Icosaedro y Dodecaedro.

No es posible construir ningún otro poliedro convexo mediante polígonos regulares iguales, siendo también iguales todos los ángulos determinados entre sus caras.

Desde esa vista los vértices A/C/E/G y B/D/F/H están situados en sendos planos perpendiculares a los de proyección. Por lo tanto, las proyecciones de las diagonales AD y BC del nuevo poliedro en planta son idénticas respectivamente a las de EH y FG en alzado, y viceversa.

Esta circunstancia nos permite fijar en el alzado los vértices 2/9/11/17 y 4/7/14/19, y trazando el resto de diagonales desde el centro se completan los 20 vértices del DODECAEDRO.

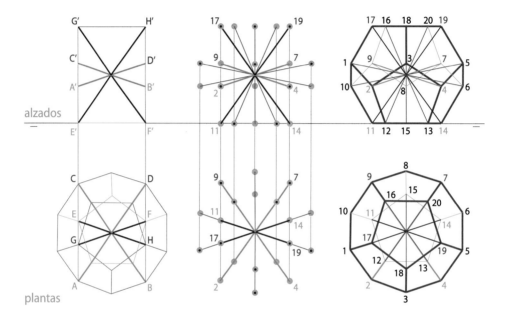

En resumen, se trata de un poliedro regular de 12 caras pentagonales, 20 vértices y 30 aristas.

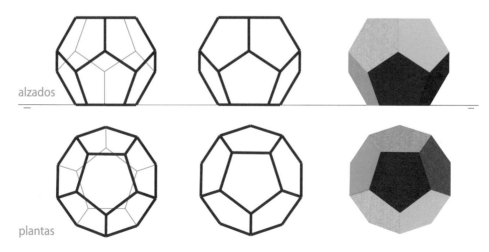

130

Uniendo los vértices del Dodecaedro de acuerdo con las figuras que a continuación se detallan, además de los 12 pentágonos que configuran las caras del mismo, se observan en su superficie otros 12 más, cuya arista viene determinada por la longitud de las diagonales de aquéllos.

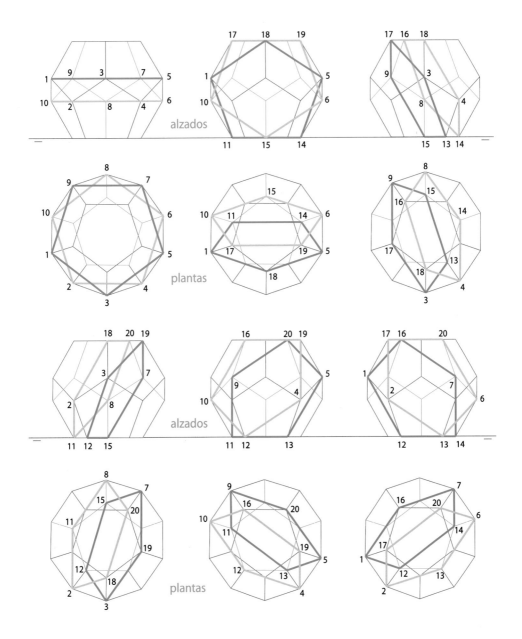

Analicemos ahora el interior del Dodecaedro.

Se observa que surge ahí un hexaedro (cubo), cuyas 12 aristas son asimismo diagonales de los pentágonos que forman la superficie del Dodecaedro.

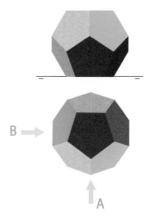

Utilizando el mismo código numérico que en las tres páginas anteriores, el cubo que ha aflorado queda determinado por los vértices 2/4/7/9/11/14/17/19.

Ese hexaedro forma ángulos de 30º/60º/90º respecto al plano horizontal definido por la cara inferior del Dodecaedro, según el punto de vista del alzado B.

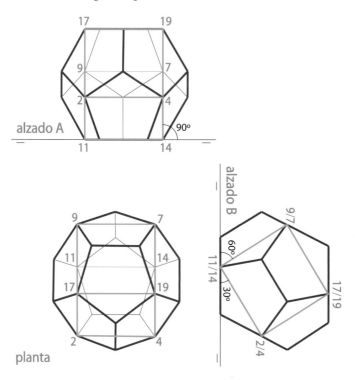

Pero no es uno solo, sino que son cinco los hexaedros que se forman en el interior del Dodecaedro, y están girados 72º cada uno con otros dos de ellos.

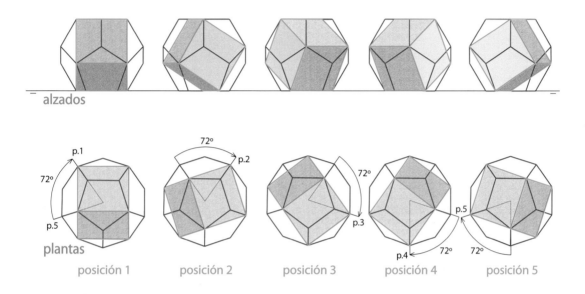

Eso conduce a una nueva definición del Dodecaedro, como aquel poliedro determinado por la rotación de un hexaedro sobre su centro de gravedad en cinco tramos de 72º, manteniendo sus caras ángulos de 30º/60º/90º respecto a un plano de referencia.

Un movimiento sencillo y de indudable belleza, como es propio de la geometría más refinada.

Y otra muestra más del movimiento de rotación intrínseco de la 3D.

Entrelazamiento Icosaedro/Dodecaedro

Otra visión más compleja surge al analizar la relación entre el Icosaedro y el Dodecaedro, incidiendo en el hecho de que ambos contienen pentágonos regulares en su superficie.

Efectivamente, haciendo coincidir un pentágono del Icosaedro con cada una de las caras del Dodecaedro, se obtienen 12 icosaedros que rodean completamente al dodecaedro.

Ese proceso se muestra a continuación, en dos imágenes para facilitar la comprensión, considerando una visión frontal del Dodecaedro y su opuesta.

Los icosaedros penetran en el volumen del dodecaedro de modo que en el interior del mismo se forman doce pirámides pentagonales, las cuales se muestran a continuación, asimismo mediante dos imágenes.

El volumen resultante de la agrupación de esas 12 pirámides es un DODECAEDRO CÓNCAVO, poliedro regular configurado por 5 x 12 = 60 triángulos equiláteros iguales, 32 vértices y 90 aristas.

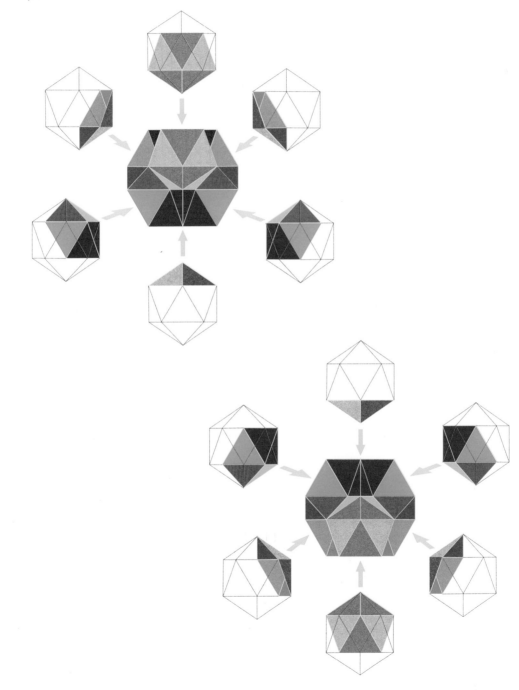

Esas doce pirámides en su conjunto delimitan una estrella de 20 puntas, que corresponden a los vértices exteriores del Dodecaedro Cóncavo. Se trata del GRAN DODECAEDRO ESTRELLADO descrito por Kepler.[29]

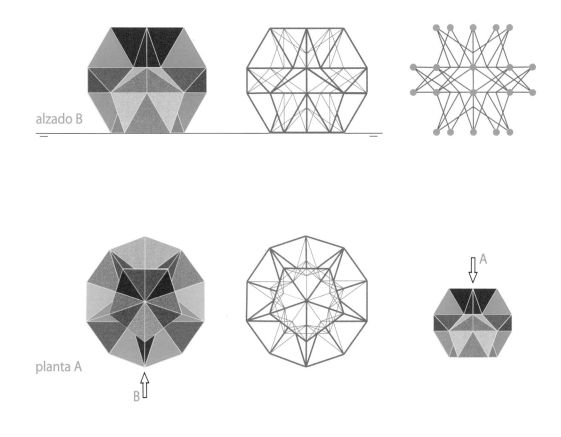

alzado B

planta A

29. Johannes Kepler (1571/1630), matemático y astrónomo, figura clave de la revolución científica de los siglos XVI y XVII en Europa, es célebre por sus investigaciones sobre los movimientos planetarios (*Mysterium Cosmographicum* / 1596). Entre sus aportaciones a la geometría, destacan los conocidos como «Sólidos de Kepler-Poinsot», que son los cuatro únicos poliedros regulares no convexos en cuyos vértices convergen siempre el mismo número de caras.

136

Además, los 12 vértices interiores de esas pirámides configuran un icosaedro, el cual se posiciona en el centro de todo el sistema.

Por lo tanto, así como 12 icosaedros rodean al Dodecaedro, éste a su vez contiene al Icosaedro en su núcleo central.

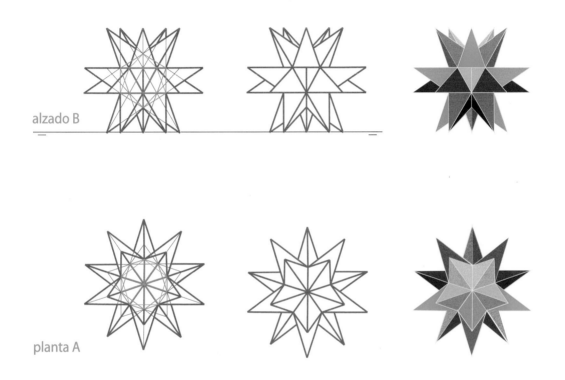

alzado B

planta A

Regresemos a la visión completa de los doce icosaedros rodeando al dodecaedro, expresada de nuevo en dos imágenes, pero manteniendo esta vez una misma visión del poliedro que estamos estudiando.

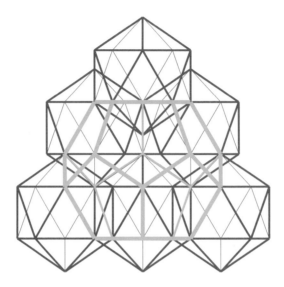

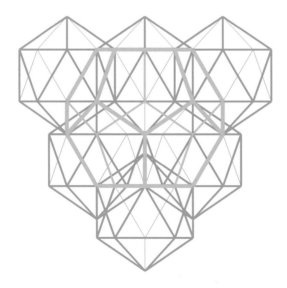

Visualizando finalmente todo el conjunto de forma unitaria, surge una CRUZ ICOSAÉ-DRICA, configurada por los doce icosaedros que rodean al dodecaedro.

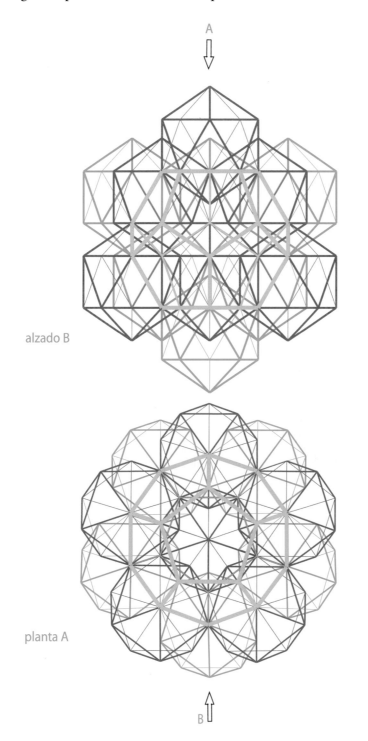

alzado B

planta A

Esa misma Cruz Icosaédrica visualizada como sólido aparece como sigue:

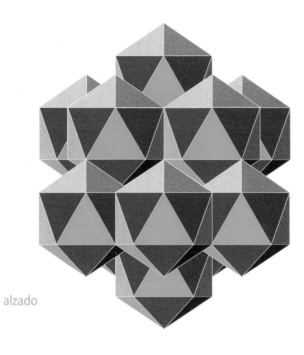

alzado

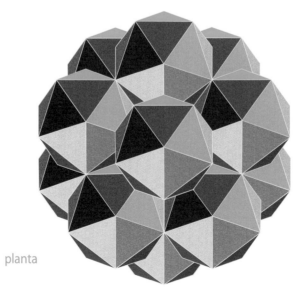

planta

Por lo tanto, el Icosaedro y el Dodecaedro están entrelazados por una secuencia fractal a través de la cual la expansión del primero da lugar al segundo, y éste se proyecta en un fractal mayor del primero.

El Icosaedro es el núcleo central del Dodecaedro, y éste a su vez es el núcleo de un Icosaedro mayor, y así indefinidamente…

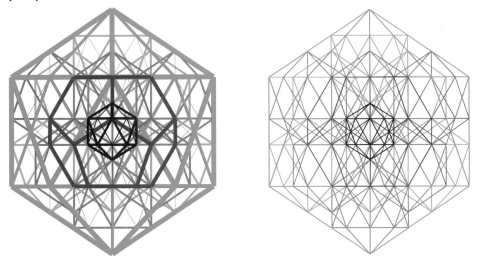

Una visión de síntesis de todo ello es la siguiente:

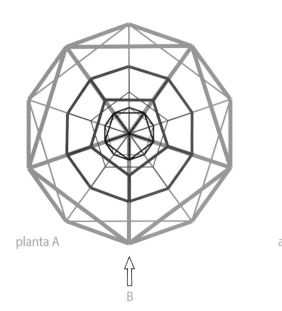

planta A

B

A

alzado B

EXPANSIÓN ESPIRAL

Observemos la relación entre las aristas de los poliedros sucesivos que se han formado en el proceso anterior.

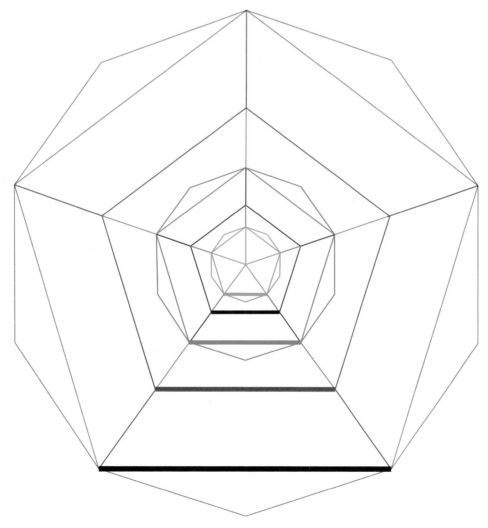

Coloquemos consecutivamente esas aristas de dos en dos:

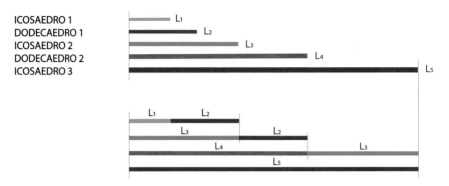

Vemos claramente que se verifican las igualdades siguientes:

$$L_1 + L_2 = L_3$$
$$L_2 + L_3 = L_4$$
$$L_3 + L_4 = L_5$$

Y generalizando:

$$L_n + L_{n+1} = L_{n+2}$$

La célebre sucesión de Fibonacci[30] recoge aritméticamente el concepto que hemos descubierto en el anterior desarrollo geométrico.

Observando los pentágonos definidos por el Icosaedro y el Dodecaedro iniciales, se comprueba que las aristas del segundo (L_2) son de igual longitud que las diagonales del primero, las cuales configuran una estrella regular de cinco brazos, comúnmente conocida con el nombre de PENTAGRAMA.[31]

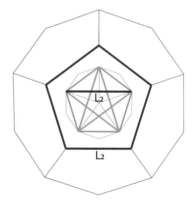

---

30. El matemático Leonardo Pisano, llamado Fibonacci (1175/1250?), concibió la sucesión numérica que lleva su nombre, como resultado de un problema de cálculo que le fue planteado, siendo cualquier término de la misma el resultado de sumar sus dos anteriores.

   En su versión más usual, la sucesión de Fibonacci fija los valores de sus dos primeros términos como: $a_1 = a_2 = 1$ de modo que su desarrollo es como sigue:

   $$1 \quad 1 \quad 2 \quad 3 \quad 5 \quad 8 \quad 13 \quad 21 \quad 34 \quad 55 \quad 89 \quad 144 \quad 233 \quad \ldots \quad a_n + a_{n+1} = a_{n+2}$$

31. La estrella regular de cinco brazos es un símbolo utilizado por multitud de corrientes filosóficas, religiosas y artísticas a lo largo de la Historia, por lo que recibe muy diversas denominaciones (Pentagrama, Pentáculo, Pentalfa, Pentángulo, Estrella Pitagórica), y es asociada a significados e interpretaciones de toda índole.

1.º) Comparemos las longitudes de los lados del Pentágono (x) y del Pentagrama (y).

2.º) Coloquemos esos segmentos perpendicularmente el uno respecto al otro, de forma similar a un sistema bidimensional de coordenadas.

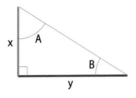

3.º) Consideremos ahora la suma de esas dos longitudes, y comparemos el resultado con la longitud del lado del Pentagrama, procediendo de igual forma.

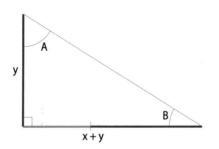

4.º) Superponiendo los dos triángulos que se han formado, se comprueba que son semejantes, esto es que sus ángulos correspondientes son iguales y las longitudes de sus lados son proporcionales.

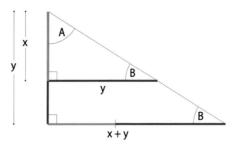

Por lo tanto, concluimos lo siguiente: $\dfrac{y}{x} = \dfrac{x+y}{y}$

Fijemos el valor de x como unidad (x = 1) y resolvamos la ecuación:

$$\dfrac{y}{1} = \dfrac{1+y}{y} \quad \rightarrow \quad y^2 = 1 + y \quad \rightarrow \quad y^2 - y - 1 = 0$$

Aplicando la fórmula de resolución de ecuaciones de segundo grado se obtiene:

$$y = \dfrac{1+\sqrt{5}}{2} \quad \rightarrow \quad y = 1{,}6180339887....$$

Este valor es conocido como NÚMERO ÁUREO, que es un número irracional (con infinitos decimales y sin período), comúnmente representado por la letra φ (phi) del alfabeto griego (o también ϕ).

En consecuencia, se dice que dos segmentos están en PROPORCIÓN ÁUREA cuando la relación entre el menor y el mayor es igual a la que hay entre el mayor y el segmento resultante de la suma de ambos.[32]

Es frecuente la utilización del inverso de φ, esto es:

$$\dfrac{1}{\varphi} = \dfrac{2}{1+\sqrt{5}} = 0{,}6180339887....$$

Cabe notar aquí que los decimales son los mismos que los de φ

Por lo tanto tenemos que: $\dfrac{1}{\varphi} = \varphi - 1$

Asimismo, de acuerdo con la ecuación que nos ha permitido calcular el Número Áureo, obtenemos: $\varphi^2 = \varphi + 1 = 2{,}6180339887....$ cuyos decimales vuelven a ser los mismos.

Las potencias de φ siguen la siguiente ley, que es válida tanto para las positivas como para las negativas: cualquier potencia entera de φ es igual a la suma de sus dos potencias anteriores.

---

32. Esta proporción fue concretada por vez primera en el tratado *Los Elementos*, del matemático griego Euclides (-325/-265), donde es definida del siguiente modo: «Se dice que una recta ha sido cortada en extrema y media razón cuando la recta entera es al segmento mayor como éste es al segmento menor».

El adjetivo «Áurea» o «Dorada» no le fue dado hasta el siglo XIX, cuando así la calificó el matemático Martin Ohm (1792/1872) en su obra *Elementare Reine Matematik* (Matemáticas Puras Elementales).

Denominaciones habituales en geometría son también «Razón Áurea», «Sección Áurea», «Sección Dorada»…

Frecuentemente el Número Áureo es llamado «Número de Oro».

En determinados círculos teológicos se utilizan los términos «Divina Proporción» y «Número de Dios».

Existe una amplísima bibliografía relativa al tema de la Proporción Áurea, que no sólo conduce a una gran diversidad de conclusiones en el ámbito matemático, sino que también está presente en las características físicas de multitud de seres vivos y fenómenos naturales, así como en el mundo del arte (pintura, arquitectura, escultura, música, cine…).

En efecto:

$$\varphi^2 = \varphi + 1 = \varphi^1 + \varphi^0$$

$$\varphi^3 = (\varphi + 1) \cdot \varphi = \varphi^2 + \varphi^1 \qquad\qquad \varphi^1 = (\varphi + 1) \cdot \varphi^{-1} = \varphi^0 + \varphi^{-1}$$
$$\varphi^4 = (\varphi + 1) \cdot \varphi^2 = \varphi^3 + \varphi^2 \qquad\qquad \varphi^0 = (\varphi + 1) \cdot \varphi^{-2} = \varphi^{-1} + \varphi^{-2}$$
$$\varphi^5 = (\varphi + 1) \cdot \varphi^3 = \varphi^4 + \varphi^3 \qquad\qquad \varphi^{-1} = (\varphi + 1) \cdot \varphi^{-3} = \varphi^{-2} + \varphi^{-3}$$
$$\varphi^6 = (\varphi + 1) \cdot \varphi^4 = \varphi^5 + \varphi^4 \qquad\qquad \varphi^{-2} = (\varphi + 1) \cdot \varphi^{-4} = \varphi^{-3} + \varphi^{-4}$$

Por lo tanto: $\varphi^n = \varphi^{n-1} + \varphi^{n-2}$ para cualquier valor entero de «n».

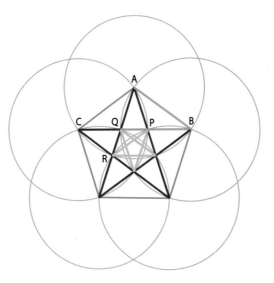

Hemos deducido que las diagonales del pentágono están en proporción áurea respecto a sus aristas, cumpliéndose: $\dfrac{BC}{BA} = \varphi = 1{,}618033988799...$

Pero hay más.

Puesto que BQ = BA, entonces se deduce:

$$\frac{BC}{BA} = \frac{BC}{BQ} = \varphi$$

Y siendo:

$$\frac{PR}{PQ} = \varphi \quad y \quad PR = BP = PA$$

entonces:

$$\frac{BP}{PQ} = \frac{PA}{PQ} = \varphi$$

Y por último, al ser BP = QC
se concluye:

$$\frac{QC}{PQ} = \varphi$$

Por lo tanto, la Estrella Pentagonal es el símbolo áureo por antonomasia en la geometría plana, puesto que sus componentes están relacionados entre sí por la proporción o razón áurea.

Cabe destacar que el núcleo central del Pentagrama es un pentágono rotado 180º respecto al inicial, y la proporción entre las aristas de esos dos polígonos es φ^2.

Los triángulos que configuran el Pentagrama (APQ) y los que lo complementan (ABP) hasta formar el Pentágono son isósceles, y lógicamente llamados TRIÁNGULOS ÁUREOS.

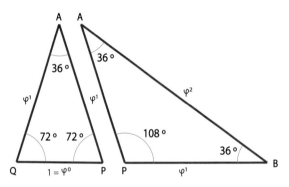

Observando los ángulos de esos dos triángulos volvemos a obtener una tríada en la cual la suma de los dos términos menores es igual al mayor: 36 + 72 = 108

Si hacemos equivaler PQ = 1, entonces PA = φ y BA = φ^2

Obsérvese también que los tres ángulos se reducen todos ellos a la cifra 9.

En efecto: 3+6 = 7+2 = 1+0+8 = 9

Retomando el Dodecaedro, y de acuerdo con lo anterior, se observa que las aristas de los pentágonos que constituyen sus doce caras, y las de los otros doce que afloran al unir las diagonales de las mismas (pág. 131) están asimismo en proporción áurea.

Por lo tanto hay que considerar el Dodecaedro como el SÓLIDO PLATÓNICO ÁUREO.

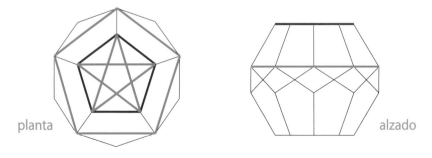

planta   alzado

Analizando las aristas de los pentágonos que afloran en la sucesión de icosaedros y dodecaedros descubierta en las páginas 145 y 146, se observa lo siguiente:

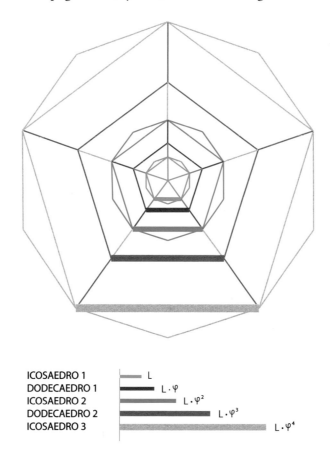

ICOSAEDRO 1	L
DODECAEDRO 1	$L \cdot \varphi$
ICOSAEDRO 2	$L \cdot \varphi^2$
DODECAEDRO 2	$L \cdot \varphi^3$
ICOSAEDRO 3	$L \cdot \varphi^4$

Lo cual conduce de nuevo a la serie: $\varphi^0 \quad \varphi^1 \quad \varphi^2 \quad \varphi^3 \quad \varphi^4 \quad \underset{\cdots\cdots}{\overset{n+1}{}} \quad \varphi^n$

Queda así mostrado como el desarrollo geométrico que enlaza el Icosaedro y el Dodecaedro sigue la Proporción Áurea.

Por lo tanto, tan cierto como que los patrones de crecimiento de muchos seres vivos están relacionados con esa proporción, y ampliamente documentado está en multitud de publicaciones, también lo es que ese patrón rige buena parte de la geometría del mundo tridimensional, aunque no toda, como veremos.

Esta deducción aproxima definitivamente la esencia de las manifestaciones de la Naturaleza entre sí, más allá de los comúnmente denominados «seres vivos», hasta llegar a incluir el mundo mineral, donde la geometría ocupa su núcleo más íntimo.

En conclusión, este estudio formula aquí una de las hipótesis fundamentales del mismo, contenida en su propio título, y que cabría enunciar como sigue: TODOS LOS SERES DE LA NATURALEZA (mineral, vegetal y animal) SON FRUTO DE LA FRACTALIZACIÓN DE LA GEOMETRÍA ELEMENTAL, e incluso, en el límite del atrevimiento:

TODA CREACIÓN ES GEOMETRÍA

La vinculación de la Sucesión de Fibonacci con el Número Áureo surge de analizar la relación entre cualquier término de la misma y su anterior.

En efecto, la secuencia de proporciones entre términos consecutivos de la serie es:

$$\frac{1}{1} = 1 \;/\; \frac{2}{1} = 2 \;/\; \frac{3}{2} = 1,5 \;/\; \frac{5}{3} = 1,666... \;/\; \frac{8}{5} = 1,6 \;/\; \frac{13}{8} = 1,625 \;/\; \frac{21}{13} = 1,61538...$$

$$\frac{34}{21} = 1,61904... \;/\; \frac{55}{34} = 1,61764... \;/\; \frac{89}{55} = 1,61818... \;/\; \frac{144}{89} = 1,61797... \;/\; \frac{233}{144} = 1,61805...$$

$$\frac{377}{233} = 1,61802... \;/\; \frac{610}{377} = 1,618037... \;/\; \frac{987}{610} = 1,6180327... \;/\; \frac{1597}{987} = 1,61803445...$$

$$\frac{2584}{1597} = 1,61803338...$$

Queda patente que esa secuencia converge en $\varphi = 1,6180339887....$

Por lo tanto la función de proporción entre términos consecutivos de la Sucesión de Fibonacci tiene límite φ

$$\lim_{n \to \infty} \frac{a_n}{a_{n-1}} = \varphi$$

Es muy conocida la representación gráfica de esta serie en forma de espiral plana policéntrica, formada por arcos de circunferencia sobre una teselación de cuadrados cuyos lados siguen la secuencia de Fibonacci.

La relación entre la sucesión de centros y los términos de la serie es:

$$A \to 1 \quad A \to 1 \quad B \to 2 \quad C \to 3 \quad D \to 5 \quad E \to 8 \quad F \to 13 \quad \dots$$

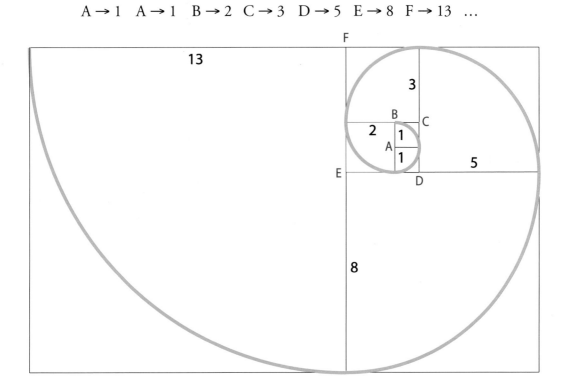

El rectángulo cuyos lados están en Proporción Áurea es llamado RECTÁNGULO ÁUREO, o DE ORO.

Ese polígono tiene una peculiaridad que abre un interesante campo de análisis.

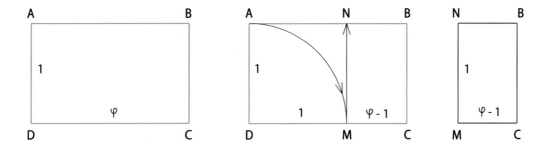

Los rectángulos ABCD y BCMN son semejantes entre sí, puesto que las proporciones entre sus lados coinciden:

$$\frac{1}{\varphi} = \frac{\varphi - 1}{1}$$

Además, tal como ha sido determinado, el cuadrilátero ANMD es un cuadrado.

Estas consideraciones son la base para la construcción de la ESPIRAL DE DURERO.[33]

Se trata de una espiral plana multicéntrica constituida por una serie de arcos de circunferencia de razón igual a φ, trazada a partir de un Rectángulo Áureo.

La correspondencia entre los centros de cada arco y sus radios es la siguiente:

$$N \to 1 \quad B \to \varphi \quad C \to \varphi^2 \quad D \to \varphi^3 \quad E \to \varphi^4 \quad \ldots$$

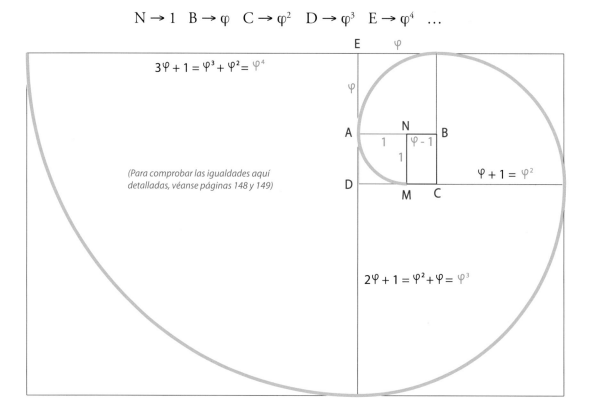

$3\varphi + 1 = \varphi^3 + \varphi^2 = \varphi^4$

(Para comprobar las igualdades aquí detalladas, véanse páginas 148 y 149)

$\varphi + 1 = \varphi^2$

$2\varphi + 1 = \varphi^2 + \varphi = \varphi^3$

33. Albrecht Dürer (1471/1528), llamado «Durero», fue el artista plástico más destacado del Renacimiento alemán.

Las espirales de Fibonacci y de Durero son muy parecidas, pero no coincidentes, siendo la segunda ligeramente más amplia que la primera.

Trazando las cuatro espirales áureas posibles a partir de los vértices del cuadrado inicial, se obtiene el siguiente patrón plano de interferencias, en cuyo centro surge una Cruz Áurea, siendo sus brazos cuatro rectángulos áureos iguales, y con aquel cuadrado ocupando su crucero.

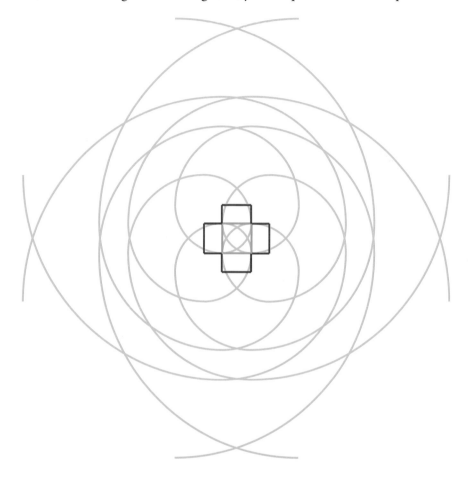

Si imaginamos esa cruz en 3D, surge de nuevo lo que en las páginas 38 y 39 hemos definido como la estructura del Punto, si bien con proporciones ligeramente distintas.

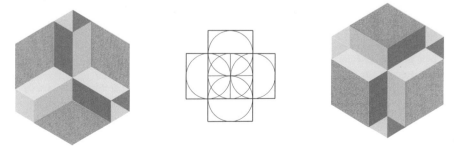

155

Espirales de Bernoulli

Es harto conocido que las espirales de Fibonacci y de Durero definen los patrones de desarrollo de multitud de seres vivos (animales y vegetales), así como de los huracanes, las galaxias…

No obstante, existe otro tipo de espirales que resultará muy útil analizar.

Son las Espirales de Bernoulli, o Logarítmicas.[34]

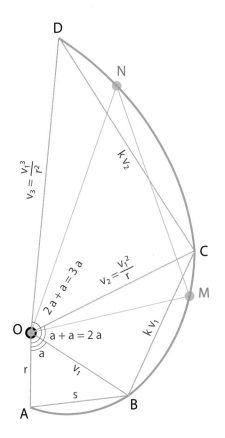

34. Jacob Bernoulli (1654/1705) bautizó como «Spira Mirabilis» (Espiral Maravillosa) el modelo geométrico que lleva su nombre, si bien fue el también matemático Pierre Varignon (1654/1722) quien aportó el calificativo «logarítmica».

El filósofo Arquímedes de Siracusa (-287/-212) concibió la primera espiral descrita por la matemática, conocida como Espiral de Arquímedes, o Aritmética. Se trata de un caso particular de espiral logarítmica, en la que tanto el ángulo de giro como el radio vector varían en progresión aritmética, y por lo tanto la distancia entre sus espiras se mantiene constante. Una forma elemental de espiral de Arquímedes se obtiene al enrollar una cuerda sobre sí misma, partiendo de uno de sus extremos.

En una espiral logarítmica su trayectoria se define a partir de un punto que gira alrededor de otro, el cual permanece fijo, de modo que el ángulo de giro se desarrolla en progresión aritmética mientras que el radio vector desde el citado punto fijo varía en progresión geométrica. En efecto, en la espiral adjunta, para una secuencia de ángulos:

$$a \ / \ 2a \ / \ 3a \ / \ 4a \ / \ 5a \ \dots \ (\text{razón aritmética} = a)$$

se obtiene la siguiente secuencia de radios vectores:

$$v_1 \ / \ \frac{v_1^2}{r} \ / \ \frac{v_1^3}{r^2} \ / \ \frac{v_1^4}{r^3} \ / \ \frac{v_1^5}{r^4} \ \dots \ (\text{razón geométrica} = \frac{v_1}{r})$$

Se trata pues de una espiral monocéntrica, muy distinta por lo tanto de las analizadas aquí anteriormente. Partiendo de un triángulo genérico OAB, llamado director, se observan, entre otras, las siguientes proporciones:

$$\frac{s}{r} = \frac{AB}{AO} = \frac{BC}{BO} = \frac{MN}{MO} = \frac{CD}{CO} = k$$

$$\frac{v}{r} = \frac{BO}{AO} = \frac{CO}{BO} = \frac{NO}{MO} = \frac{DO}{CO}$$

Los triángulos OAB, OBC, OMN, OCD… son todos semejantes entre sí (ángulos iguales y lados proporcionales). Definiendo esa espiral mediante sus radios vectores, y extendiéndola, se obtiene el trazado siguiente:

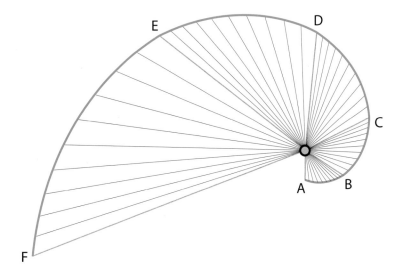

Veamos ahora la espiral que surge cuando el triángulo OAB es áureo.

La espiral logarítmica trazada se desarrolla en cinco tramos de 72° hasta completar una vuelta completa, mediante cinco triángulos áureos (OAB, OBC, OCD, ODE y OEF) que se yuxtaponen uno tras otro siguiendo una serie de razón φ.

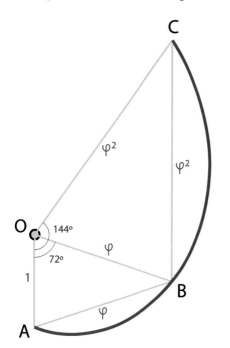

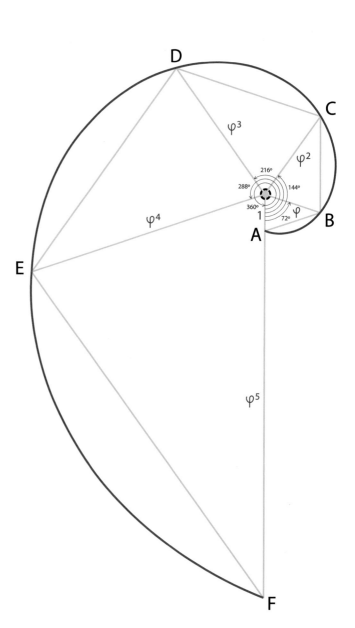

A partir de ahí la espiral crece hasta el infinito de acuerdo con ese patrón, y asimismo cabría trazarla decreciendo indefinidamente hasta converger en su centro de giro O.

La serie de ángulos que este proceso determina conducen una vez más al número 9.

En efecto:

72 144 216 360 432 504 …

Las cifras de esos ángulos suman siempre 9.

Los triángulos OAP, OPR, ORS, OST y OTV se obtienen procediendo de igual manera que anteriormente, pero decreciendo a partir del triángulo inicial OAB.

Los radios vectores desde el centro O que esos triángulos determinan siguen la serie de las potencias negativas de φ.

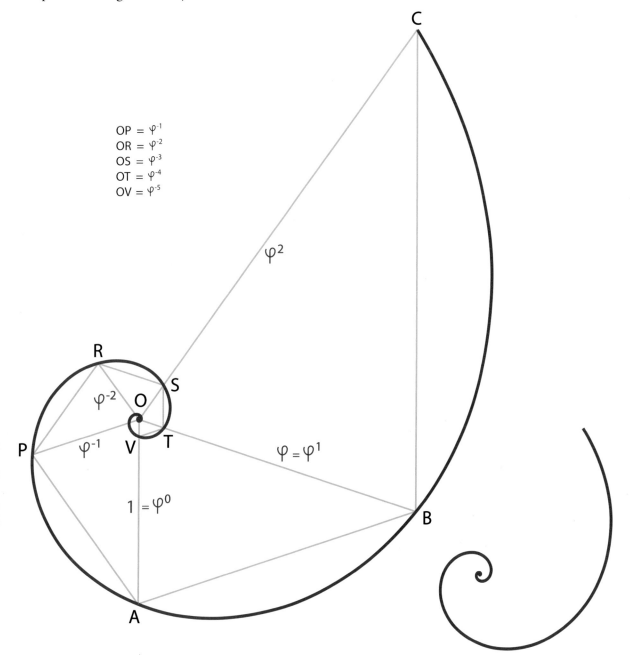

$OP = \varphi^{-1}$
$OR = \varphi^{-2}$
$OS = \varphi^{-3}$
$OT = \varphi^{-4}$
$OV = \varphi^{-5}$

La trayectoria de la Espiral Áurea partiendo de su centro de giro es como sigue:

1) Trazando un triángulo áureo cada 12º

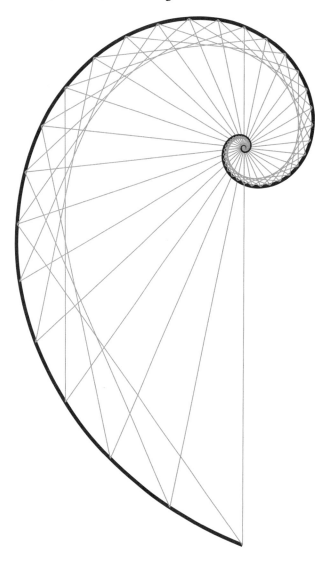

2) Trazando solamente sus radios vectores cada 12º

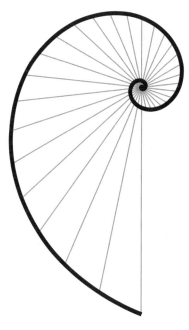

Espirales de Goodson

El giro es el movimiento intrínsecamente asociado a cualquier espiral, y en el presente estudio hemos desvelado un cuerpo geométrico, al que hemos dado por nombre TETRAGIRO (pág. 91), que se encuentra en la base estructural de la 3D, y atesora en sí mismo el concepto rotatorio.

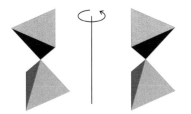

Puesto que el Tetragiro está compuesto por triángulos equiláteros, analicemos ahora las espirales que surgen a partir de ese polígono elemental.

Observemos un tetragiro desde una vista V, perpendicularmente a sus dos bases opuestas ABC y DEF, y giremos la primera según el eje que une los centros de ambas, hasta que su proyección quede superpuesta exactamente sobre la segunda. Vemos que se ha producido una rotación de 60º. Siempre de acuerdo con esa misma proyección del triángulo ABC, tomemos ahora como centro el punto C, y tracemos un arco de otros 60º, desde D hasta G.

A continuación tomemos como nuevo centro el punto H y procedamos igualmente para obtener el punto J, y luego el punto L, con centro en K.

Obtenemos así una espiral policéntrica formada por la concatenación de triángulos equiláteros OAD, CDG, HGJ, KJL con la siguiente secuencia de radios vectores:

$$1 \quad 2 \quad 4 \quad 8 \quad 16 \quad 32 \quad 64 \quad 128 \quad 256 \quad \ldots \quad a_{n+1} = 2\,(a_n)$$

Se trata de una espiral generada por el giro homotético de razón 2 de un triángulo equilátero, con centro en uno de los vértices y radio igual al lado de cada triángulo, de modo que la trayectoria de la misma viene definida por una sucesión de arcos de circunferencia de 60º, siendo el radio de cada arco el doble del anterior y la mitad de su siguiente.

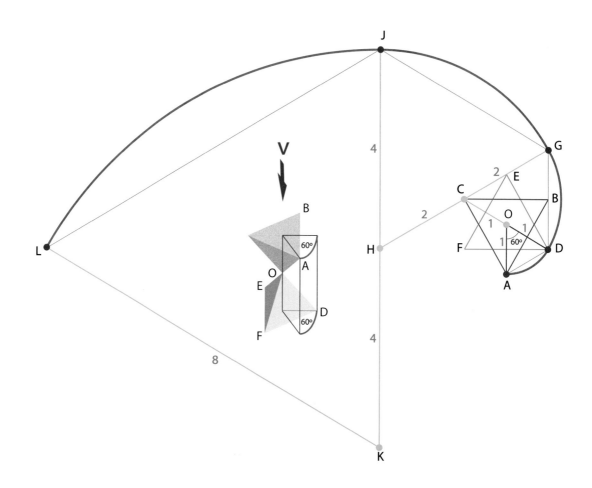

Por supuesto, esa espiral puede ser completada decreciendo desde el triángulo inicial OAD hasta encontrar el punto de origen de la misma.

Así comprobamos que la espiral converge en uno de los puntos (Z) donde, desde ese punto de vista, se cruzan las dos bases triangulares del tetragiro del que hemos partido.

Pero no solamente eso, sino que los centros sucesivos de los arcos de circunferencia que forman la espiral también convergen en el mismo punto Z.

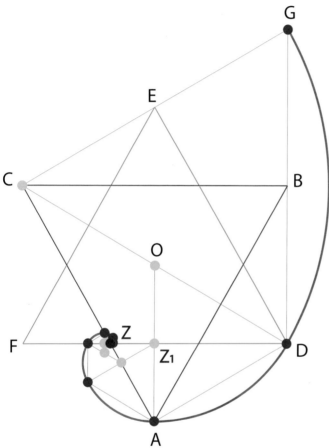

Al tiempo que la trayectoria de la espiral ZADG se va definiendo, los centros ZZ_1OC de los arcos sucesivos que la componen van describiendo otra espiral idéntica, sólo que rotada 120° respecto a ella.

Los gráficos siguientes ilustran el trazado de esas dos espirales, mediante una sucesión de triángulos equiláteros, partiendo del OAD y rotando cada uno 12º respecto al anterior, configurando un conjunto que recuerda la sección transversal de una ola rompiendo en la playa.

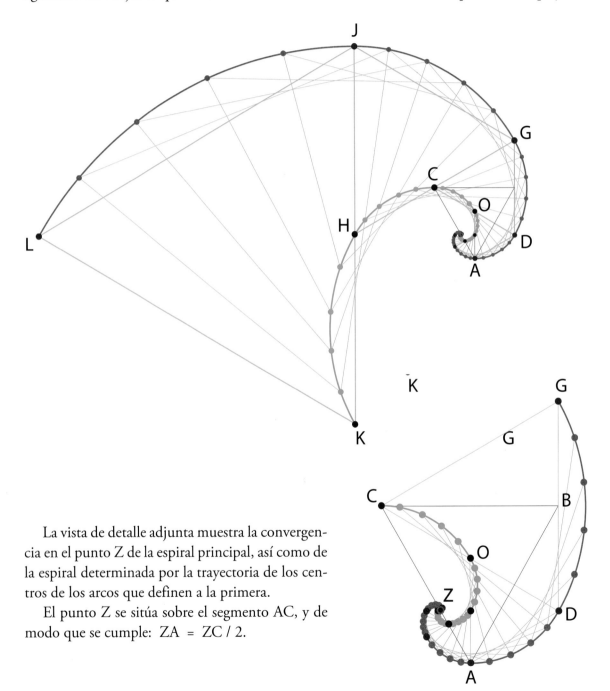

La vista de detalle adjunta muestra la convergencia en el punto Z de la espiral principal, así como de la espiral determinada por la trayectoria de los centros de los arcos que definen a la primera.

El punto Z se sitúa sobre el segmento AC, y de modo que se cumple: ZA = ZC / 2.

Si bien la espiral ZADG ha sido generada como policéntrica, a continuación veremos que se comporta también como espiral monocéntrica, o logarítmica, con centro de giro en Z y triángulo director ZAD.

En adelante denominaremos a esas dos configuraciones, policéntrica y monocéntrica, **Espirales de Goodson**.

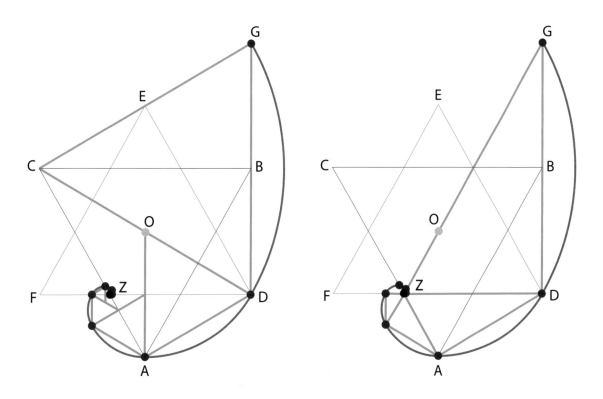

El triángulo director ZAD de la espiral monocéntrica de Goodson es un triángulo rectángulo de ángulos 60º/90º/30º.

Definiendo su hipotenusa como la unidad, entonces el cateto mayor mide $\sqrt{3}/2$ y el menor 1/2.

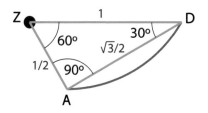

Geometría de las espirales de Goodson

Los trazados de ambas espirales son idénticos, y solamente se diferencian la una de la otra por su concepción geométrica.

La espiral $Z/Z_1/Z_2/Z_3/O$ define la trayectoria de los centros de los arcos que forman la principal.

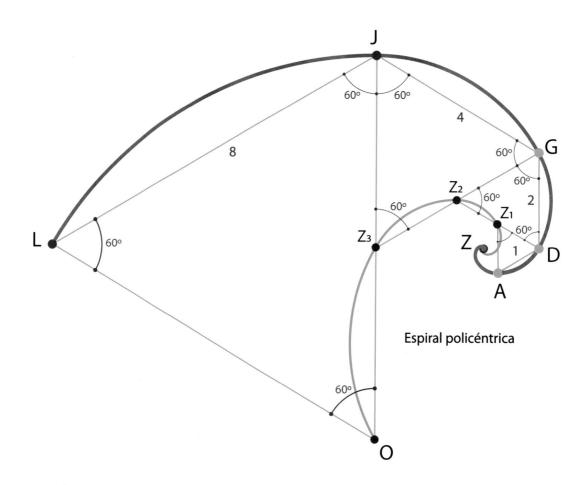

Espiral policéntrica

Dispongamos ahora la espiral de Goodson de acuerdo con el sistema ortogonal de coordenadas cartesianas, y analicemos la geometría de su variante monocéntrica, partiendo del triángulo ZDG, de ángulos 60/90/30°, y tomando su cateto ZD como unidad.

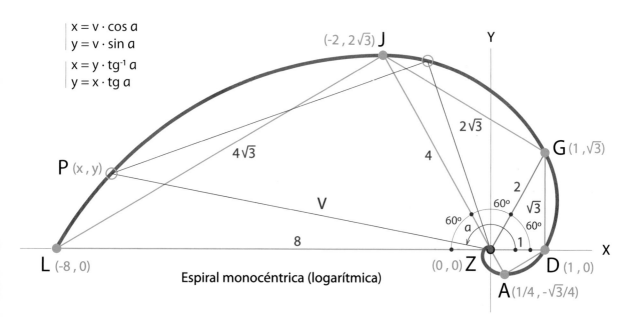

$$\left| \begin{array}{l} x = v \cdot \cos a \\ y = v \cdot \sin a \end{array} \right.$$

$$\left| \begin{array}{l} x = y \cdot tg^{-1} a \\ y = x \cdot tg\, a \end{array} \right.$$

Espiral monocéntrica (logarítmica)

Cada uno de los triángulos rectángulos que generan la espiral monocéntrica de Goodson enlaza cada 60° con otro semejante a él, cuyas hipotenusas doblan su longitud en cada intervalo, revelando de nuevo la serie que surgió del análisis de la espiral policéntrica (pág. 161).

1   2   4   8   16   32   64   128   256   … $a_{n+1} = 2\,(a_n)$

167

Torsor de Goodson

Regresando a la visión de la espiral posicionada sobre el Tetragiro, se observa que la rotación de 60° del punto A hasta superponerse con el D implica que el punto B hace lo propio sobre el E, y el C sobre el F.

Se obtienen así tres espirales iguales, rotadas 120° entre ellas.

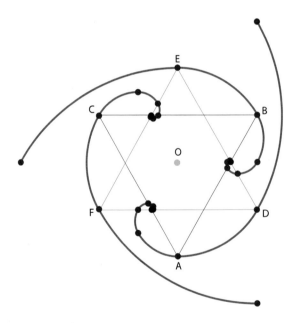

Continuando la rotación 60° más, vemos que el punto D se superpone al B, y por lo tanto el E al C, y el F al A, cerrándose así un ciclo de 360°.

De este modo quedan determinados seis puntos Z, los cuales constituyen los vértices de un hexágono regular que forma el núcleo de la estrella de 6 puntas definida por la proyección bidimensional del Tetragiro.

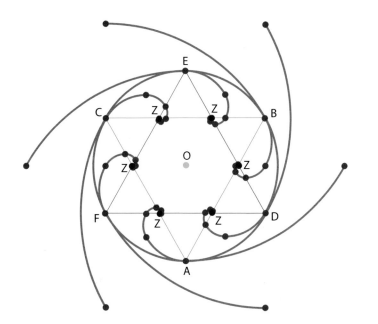

El proceso anterior pone en evidencia algo trascendental:

Una espiral generada en 2D se ha manifestado en 3D.

En efecto, el tetragiro de partida (OABC/ODEF) converge en un nuevo tetragiro $(OA_0B_0C_0/OD_0E_0F_0)$ que queda contenido en el primero, el cual, a su vez, se expande hasta otro tetragiro $(OA_1B_1C_1/OD_1E_1F_1)$ que lo contiene.

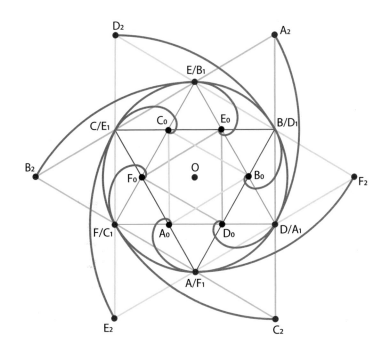

169

Además, se observa que la rotación relativa del tetragiro OABC sobre el ODEF conlleva ese mismo movimiento en sentido contrario, de ODEF sobre OABC.

En el presente estudio comenzamos viendo que la 3D respira, más adelante comprobamos que gira, y ahora se evidencia que también se desplaza, expandiéndose y contrayéndose indefinidamente.

Una imagen que podría ilustrar esa visión sería una medusa desplazándose por el océano.

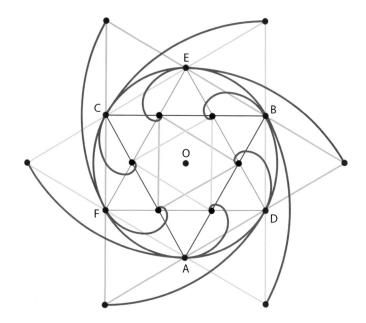

Por lo tanto, llegados a este punto podemos afirmar que la 3D vive.[35]

LA GEOMETRÍA ES VIDA

La expansión de ese sistema de espirales, en ambos sentidos de rotación, conduce a las imágenes siguientes:

Por último, superponiendo ambos gráficos se obtiene lo que vamos a denominar **TORSOR DE GOODSON**.

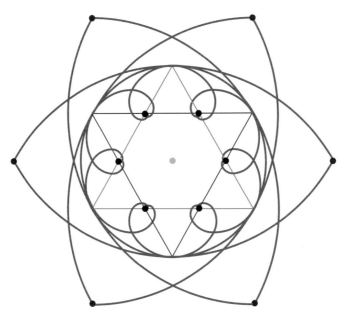

El Torsor de Goodson expresa el movimiento de un tetragiro genérico expandiéndose indefinidamente en la 3D.

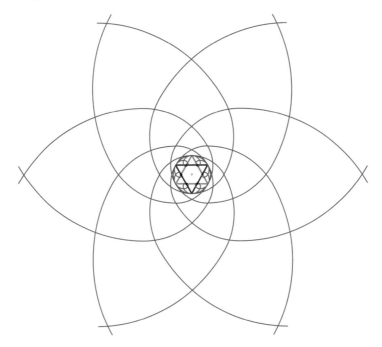

Camino de la 4D

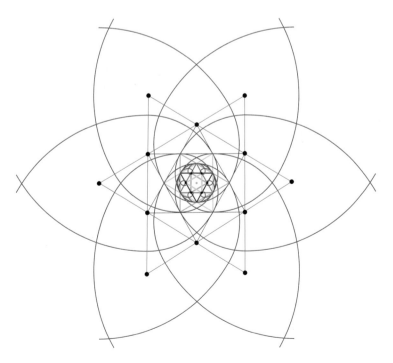

Ahora bien, ¿cómo se produce ese desarrollo de expansión del Tetragiro? La forma más evidente sería sin duda la siguiente:

En las páginas anteriores hemos deducido que la expansión del Tetragiro en la 3D sigue las directrices de la Espiral de Goodson.

Sin embargo, superponiendo esa imagen anterior a las doce espirales que forman el Torsor de Goodson, se observa claramente la divergencia de las mismas con el desarrollo geométrico que hemos supuesto, ya que a partir del segundo nivel de expansión los vértices de ambas composiciones no coinciden.

La concepción policéntrica de la Espiral de Goodson permite resolver esa inexactitud.

En efecto, tal como hemos visto en la página 162, la espiral policéntrica se forma por la rotación homotética de un triángulo equilátero, de modo que los centros de los sucesivos triángulos configuran otra espiral exacta a la primera, aunque rotada 120º respecto a ella.

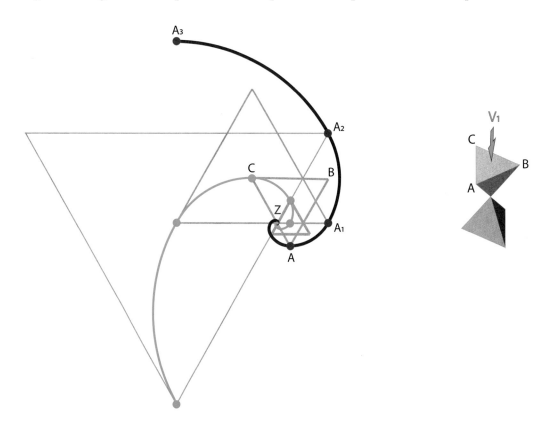

Pero como ya hemos deducido que este proceso se ha trasladado a la 3D, y que lo que gira no son triángulos, sino tetragiros, estamos en condiciones de analizar cómo es el desarrollo en altura de ese esquema bidimensional.

Observando desde esa óptica, vemos que los tetragiros se van encadenando entre sí a través de sus vértices centrales (Z_1/Z_2/Z_3/Z_4…).

Vemos también que todos los tetragiros rotan sobre un eje que, de acuerdo con el punto de vista V_1 que hemos adoptado, se proyecta en el punto Z, que no es otro que el centro de la espiral logarítmica de Goodson, que enlaza los vértices (P_0/P_1/P_2/P_3…) de los tetragiros sucesivos.

Anteriormente hemos afirmado que la 3D respira, gira y se expande.
Ahora podemos concluir además que su trayectoria describe Espirales de Goodson.

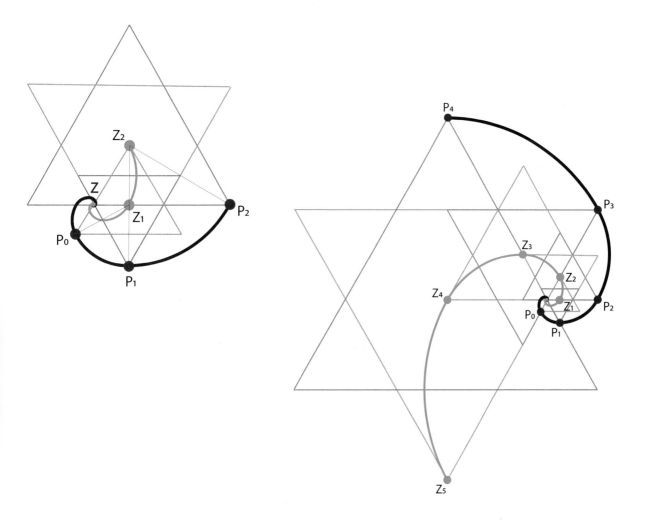

Vemos, por extensión, que la rotación de los vértices externos de cada tetraedro del Tetragiro genera tres espirales (e.1, e.2, e.3), y los centros de giro de cada espiral, que corresponden a la rotación del vértice central del mismo, describen otras tres (c.1, c.2, c.3) iguales a las anteriores y rotadas 120º respecto a ellas.

Se observa que cada par de espirales (e/c) da lugar a su propio conjunto de tetragiros.

En la ilustración siguiente se trazan las trayectorias de dichas espirales, considerando solamente uno de los tetraedros del tetragiro inicial.

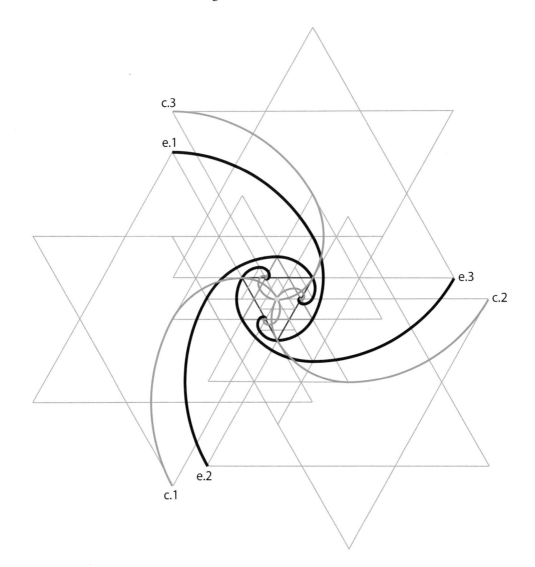

Añadiendo las otras tres espirales surgidas por la rotación del segundo tetraedro del Tetragiro, e incluyendo las generadas por el movimiento de sus respectivos centros de giro, se obtiene un vórtice[36] desde el que despliegan 12 espirales, las cuales configuran una matriz de tetragiros que se expanden indefinidamente por el espacio tridimensional.

36. Vórtice: «remolino de aire que avanza rápidamente y levanta a su paso polvo y materias poco pesadas».

Esta muy elemental y limitada definición contiene no obstante las tres claves que lo constituyen: rotación (remolino), desplazamiento (avance), y expansión (elevación).

Acudiendo a una definición más técnica y generalista obtenemos: «flujo turbulento en rotación espiral de las partículas de un fluido».

En cálculo vectorial, «vorticidad» es un concepto definido para la cuantificación de la rotación inducida alrededor de un punto.

El término «Vortex», definido básicamente como «flujo energético desarrollado en espiral», se aplica en diversas invenciones tecnológicas. Por ejemplo, los generadores eólicos de última generación se basan en la obtención de energía vorticial mediante la oscilación de un mástil sin aspas.

Considerando finalmente la rotación relativa de los dos tetraedros del Tetragiro entre ellos, se completa lo que anteriormente hemos bautizado como Torsor de Goodson (TdG), y los diferentes tipos de líneas que surgen de él (las trayectorias en espiral de los vértices de los tetragiros sucesivos, las de sus centros y la matriz tetraédrica que entre ambas configuran) muestran detalladamente la expansión del TdG en toda la 3D.

Por lo tanto cabe visualizar el Torsor de Goodson en sus tres componentes: matriz tetraédrica, trayectorias de los vértices de los Tetragiros y trayectorias de sus respectivos centros.

Torsor de Goodson completo

Matriz tetraédrica[37]

Trayectorias de los vértices

Trayectorias de los centros

---

37. Cabe notar la gran similitud de este gráfico con el núcleo central del símbolo hinduista llamado Shri Yantra, al que hemos aludido en los inicios de este ensayo (pág. 29). Tal parece que esa conocida figura sea una visión deformada de la matriz tetraédrica obtenida aquí, o de su fractalización que surge en la página siguiente.

Shri Yantra

La fractalización de la matriz tetraédrica conduce a la estructura siguiente:

Y las espirales correspondientes son éstas:

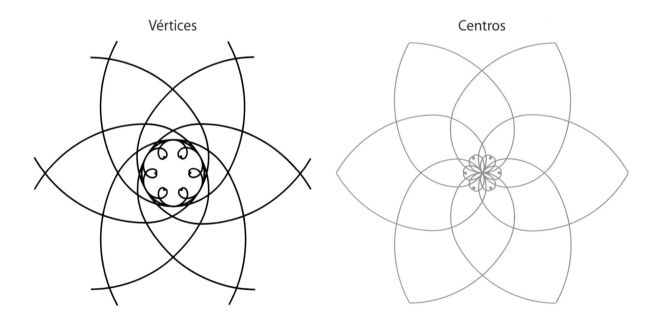

Vértices

Centros

Si nos limitamos a trazar las trayectorias de los vértices del Tetragiro y su Matriz Tetraédrica, el gráfico se simplifica enormemente, permitiéndonos llegar a una conclusión trascendental.

Esa matriz es la misma que hizo surgir la Estrella Tetraédrica o Merkaba (pág. 98), y un Torsor de Goodson se aloja en el interior de su Octaedro central.

Podemos afirmar, por lo tanto:

**El Torsor de Goodson describe el campo
energético que origina el proceso
de dilatación/contracción de la Tercera Dimensión,
es decir su latido, rotación y expansión, lo cual
la sumerge en algo llamado Tiempo, o dicho
de otro modo, la conduce hacia la 4D.**

Un Torsor de Goodson ocupa el centro de cada una de las Estrellas Tetraédricas que configuran la Matriz sobre la que se desarrolla el campo energético de la 3D, tal como se ilustra a continuación:

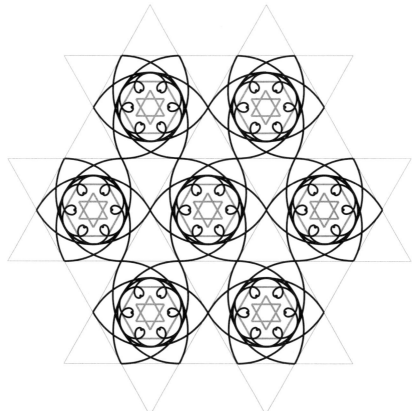

Seguidamente comprobaremos como todo ello conduce a la Cuarta Dimensión.

Vórtice de Goodson

Veamos cómo es el desarrollo tridimensional del sistema de espirales determinado por el Torsor de Goodson.

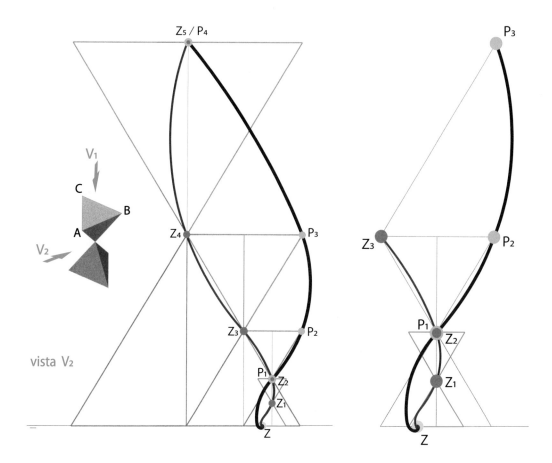

Se observa que los puntos Z_1, Z_2, Z_3, Z_4... son los centros de los tetragiros con vértices externos en P_1, P_2, P_3, P_4...

De este modo el Tetragiro inicial se expande, multiplicando por 2 la longitud de sus aristas cada 60º de rotación, o bien se contrae, según se mire, en cuyo caso cada arista mide la mitad que la de su tetragiro precedente (págs. 161 y 162).

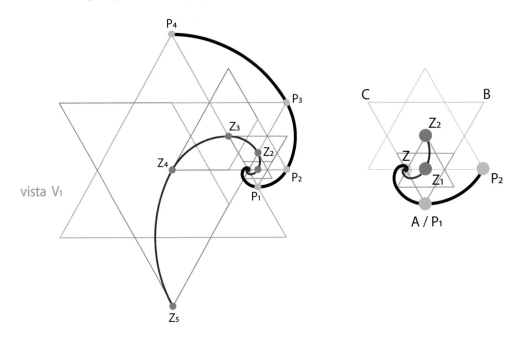

Aplicando ese mismo proceso a los seis vértices del hexágono interior de la estrella de seis puntas proyectada por el tetragiro, el desarrollo en vertical de las espirales de Goodson corresponsiente resulta ser como se ve en la página siguiente.

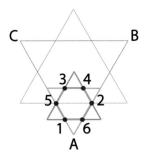

Se trata de la visión en alzado del vórtice descrito en la página 177: doce espirales, seis de las cuales corresponden a las trayectorias de los vértices externos de los tetragiros en expansión, y otras seis que definen el recorrido de los centros de cada uno de ellos.

En adelante llamaremos VÓRTICE DE GOODSON a ese conjunto de espirales.

Adoptando una nomenclatura coherente con la de la página 176: e.1/2/3/4/5/6 son las trayectorias de los vértices de los tetragiros y c.1/2/3/4/5/6 las de sus correspondientes centros.

Se observa que las espirales e.2 y e.5 quedan superpuestas a las c.6 y c.3 respectivamente.

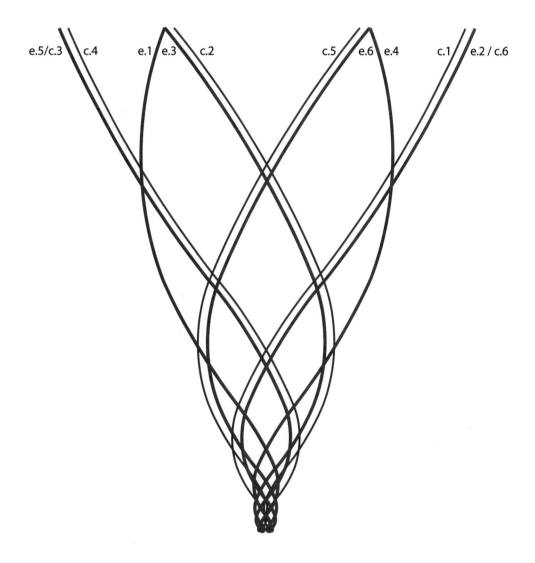

Centrémonos en las espirales trazadas por los vértices externos de los tetragiros y analicemos su geometría.

Se comprueba que el desarrollo vertical del Vórtice de Goodson, por cada 60° de rotación en planta, sigue la misma secuencia obtenida en el análisis bidimensional de la Espiral de Goodson (págs. 161 y 167):

$$1 \quad 2 \quad 4 \quad 8 \quad 16 \quad 32 \quad 64 \quad 128 \quad 256 \quad \dots$$

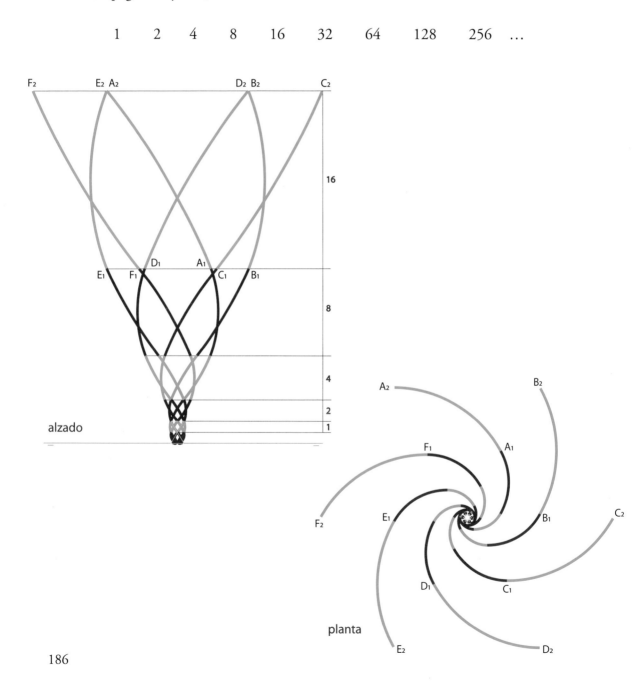

alzado

planta

Incorporando la matriz de tetragiros en expansión que genera el Vórtice de Goodson se obtienen las imágenes siguientes:

alzado

planta

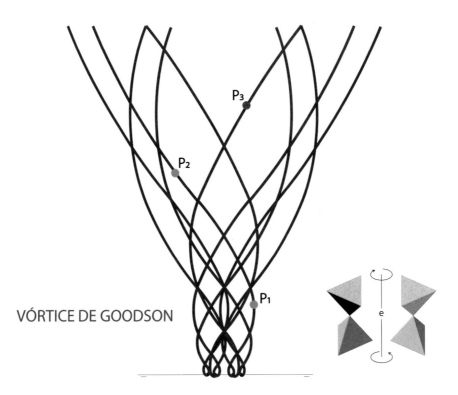

VÓRTICE DE GOODSON

Por lo común los elementos de la geometría son considerados inertes, y a menudo también estáticos.

Pero el concepto de espiral conlleva la idea de movimiento: rotación y traslación, simultáneamente.

Esa acción combinada se denomina torsión, y de ahí el nombre «Torsor» asignado al sistema que genera el vórtice que estamos analizando.

En la Teoría de la Relatividad de Albert Einstein (1879/1955), el movimiento, cualquiera que sea, induce la variable «tiempo» en el espacio tridimensional, convirtiendo a éste en tetradimensional. Es el denominado «Espacio-Tiempo».

Por lo tanto, desde esta óptica diríamos que el Torsor de Goodson genera un sistema de doce líneas de tiempo en el espacio, de las cuales en la imagen adjunta se observan solamente diez, quedando dos de ellas superpuestas con otras dos (pág. 177).

Asimismo diríamos que los puntos P_1 y P_2 se encuentran en una misma línea espaciotemporal, y que la distancia entre ellos es mensurable, mientras que el punto P_3 está en otra línea de tiempo distinta.

El espacio-tiempo relativista es curvo, derivando de esa geometría tanto las fuerzas gravitatorias como las magnéticas. Esa curvatura del espacio-tiempo viene definida matemáticamente por el Tensor de Riemann. Por nuestra parte, deducimos que el Vórtice de Goodson ilustra la torsión del espacio-tiempo.

La física cuántica, en cambio, no postula el tiempo como parte de la estructura del espacio, sino como una variable dentro del mismo, vinculada a las variaciones de la energía. En ese sentido los puntos P_1, P_2 y P_3 serían parte de un sistema energético ondulatorio, y no cabría cuantificar tiempo entre ellos.

Sea como fuere, cabe concluir que la rotación de los tetraedros de un tetragiro según un eje perpendicular a sus bases y pasando por su vértice común, origina un campo energético de acuerdo con las líneas de fuerza descritas por el Vórtice de Goodson.

Por último, considerando la rotación relativa de uno de los tetraedros del Tetragiro respecto al otro, se obtiene el Vórtice de Goodson completo, el cual se expande en dos direcciones opuestas. (Vista en planta: pág. 178).

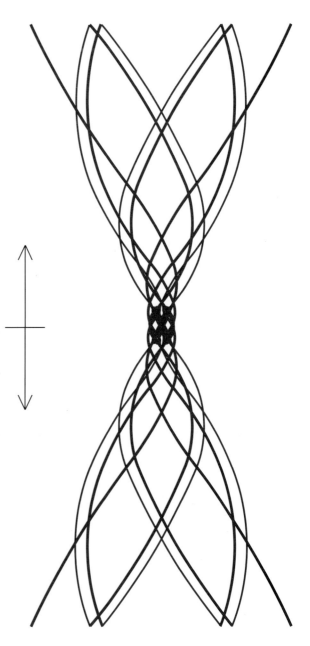

Representando únicamente el movimiento de torsión de los vértices externos del Tetragiro, prescindiendo así de las espirales descritas por el centro del mismo, obtenemos la imagen
siguiente, que será muy útil en las conclusiones finales del presente estudio.

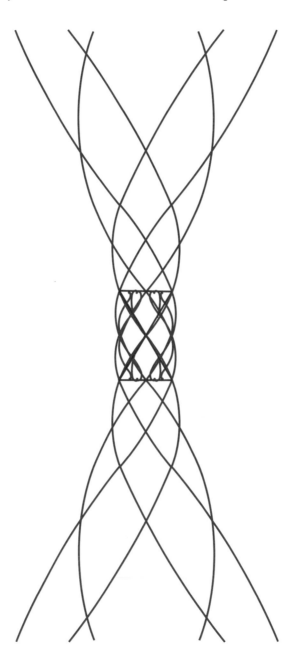

Campo Toroidal

Hemos visto que rotando los dos tetraedros que configuran el Tetragiro, según el eje que pasa por su centro de gravedad, y perpendicularmente a sus dos caras opuestas, se obtiene un Vórtice de Goodson.

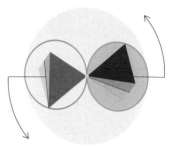

Veamos ahora qué geometría deriva de la rotación del tetragiro respecto a su centro de gravedad, pero esta vez paralelamente a uno cualquiera de los tres planos de simetría del mismo que pasan por ese punto.

Considerando los tetraedros del tetragiro inscritos en sendas esferas, y aplicando la rotación antedicha, se obtiene un volumen toroidal.

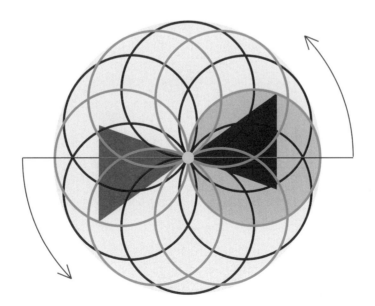

El TOROIDE (o Toro) se forma mediante la rotación de 360º de una esfera, perpendicularmente a un eje (e). Genéricamente el eje es exterior a la esfera, y por lo tanto se origina un vacío central, habitualmente denominado «Ojo del Toroide».

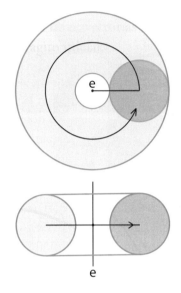

El Toroide que se produce por la rotación del Tetragiro constituye un caso particular, en el cual el eje es tangente a la esfera, y por consiguiente su «ojo» queda reducido a un punto.

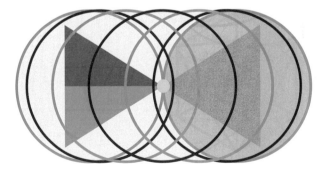

Estrictamente, el campo toroidal generado por la rotación del tetragiro no es de sección circular, sino triangular.

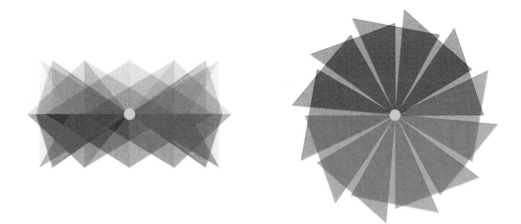

La rotación de los tetraedros traza una trayectoria que se inscribe en las esferas que los contienen.[38]

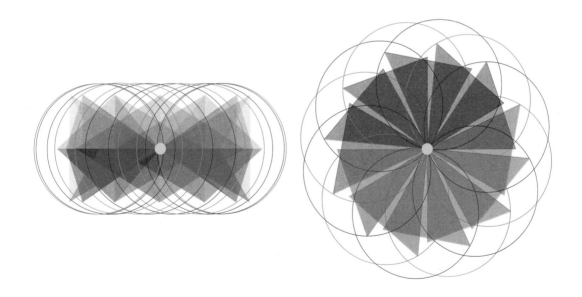

---

38. Para facilitar la comprensión, en adelante asimilaremos el toroide tetraédrico al toroide esférico que lo circunscribe.

Considerado como campo energético, el Toroide es un sistema equilibrado, la mitad de cuya envolvente se dilata (D) al tiempo que la otra mitad se contrae (C), neutralizándose así las fuerzas opuestas, de modo que se mantiene en él un balance nulo permanente.[39]

Por consiguiente, y como repetidamente hemos observado en este trabajo, la geometría del Toroide evidencia de nuevo la respiración de la 3D.

```
0-1 / 1-2 / 2-3 / 3-4 / 4-5 / 5-6 / 6-7 / 7-0 ...
 D     C     D     C     D     C     D     C
```

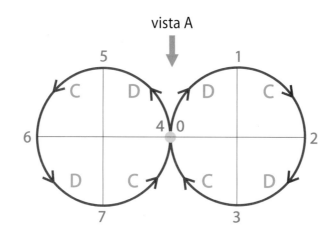

Ese Toroide puede también ser definido mediante la rotación de una circunferencia perpendicular y coplanariamente respecto a un eje.

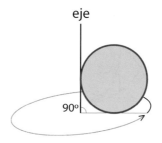

---

39. El campo electromagnético generado en un toroide queda confinado en su interior, de manera que no se produce emisión alguna hacia el exterior del mismo. Es por eso que en los contadores de consumo eléctrico se utilizan medidores toroidales, dado que ofrecen los valores más fiables.

   A una escala mucho mayor, pero con la misma base física, el colisionador de hadrones del CERN, localizado bajo el subsuelo entre Suiza y Francia, es un inmenso toroide de 27 km de diámetro.

Es preciso hacer notar que la configuración del Toroide induce el concepto de Infinitud, siendo su «latido» un proceso recurrente e interminable.[40]

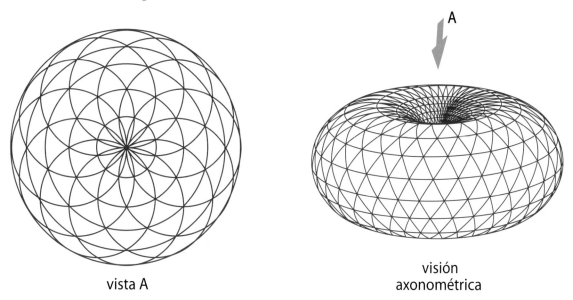

vista A

visión
axonométrica

En las páginas 89, 90 y 94 vimos que aplicando determinadas rotaciones al Tetragiro alrededor de su punto central se obtiene el Cuboctaedro cóncavo. Éste queda configurado por cuatro tetragiros, siendo el único poliedro en el cual los radios vectores al centro (12) y sus aristas (24) son de la misma longitud.

La rotación del Tetragiro que hemos propuesto en el capítulo actual nos ha conducido al Toroide.

---

40. En su tratado *Arithmetica Infinitorum*, publicado en el año 1656, el matemático John Wallis (1616/1703) acuñó el símbolo del Infinito como dos circunferencias yuxtapuestas y tangentes entre ellas. ∞

Años más tarde se asimiló la «lemniscata» de Jacob Bernoulli (1654/1705) al concepto de Infinito. ∞

Ambos grafismos pueden ser interpretados como secciones transversales de sendos cuerpos toroidales.

Por lo tanto, los cuatro Tetragiros que constituyen el Cuboctaedro dan lugar a cuatro Toroides, lo cual cabe interpretar como la energía latente de doce rayos que emana de un punto y se extienden uniformemente por la 3D (pág. 95).

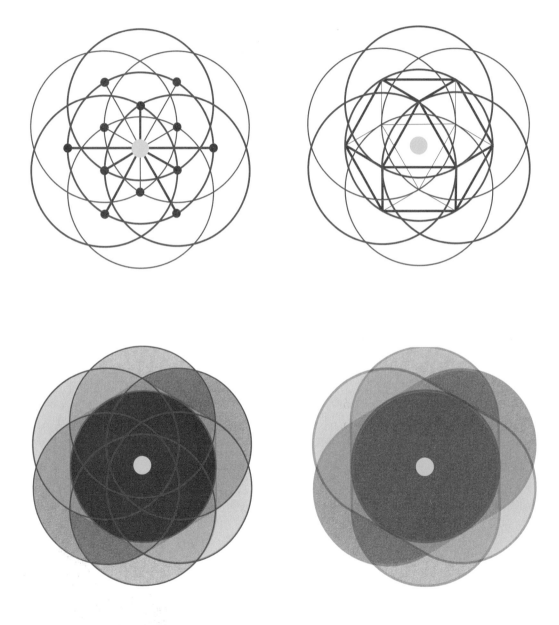

La posición del Vórtice de Goodson en el volumen toroidal obtenido se deduce fácilmente, con su origen justo en el punto de intersección de todas las esferas, esto es, en el Ojo del Toroide.

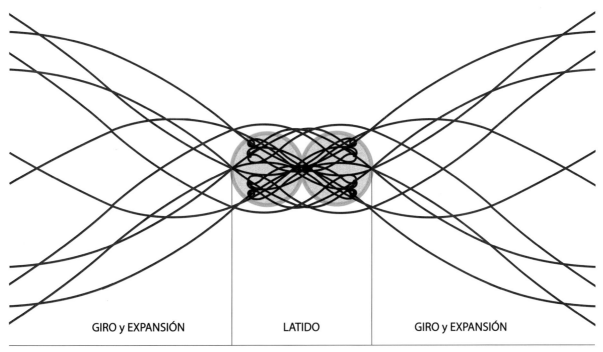

GIRO y EXPANSIÓN LATIDO GIRO y EXPANSIÓN

En conclusión, el Vórtice de Goodson aporta los movimientos de rotación y expansión al Toroide.

Por lo tanto, observando la acción combinada de ambos surge un sistema energético que late, gira y se expande por el espacio.

La comunidad científica no ha alcanzado todavía a demostrar si el Universo es finito o infinito, si es hiperbólico, plano, toroidal, o un ser entrópico sin forma definida.[41]

---

41. La Física actual diferencia el Universo «observable» y el «no observable». El primero, también denominado «horizonte cosmológico», corresponde a aquella parte del Universo que se encuentra al alcance de la luz desde nuestra posición en el mismo. Más allá de esa frontera no podemos saber si el Universo es finito o no lo es. Las observaciones realizadas y la matemática aplicada permiten vaticinar que nos encontramos en el interior de una estructura planiforme, como se nos muestran la mayoría de las galaxias, pero sin poder concluir nada sobre su finitud o infinitud.

La teoría del Big Bang, que localiza el origen universal en una explosión primigenia, parece conducir a un modelo en continua expansión (inflación eterna).

No obstante, en su último estudio científico, publicado póstumamente en la revista *Journal of High Energy Physics* en 2018, Stephen Hawking expresó que el Universo es una entidad finita, y que su constitución básica es, con toda seguridad, mucho más sencilla de lo que se ha teorizado hasta la fecha.

Sea como fuere, la geometría nos ha conducido aquí hasta el Toroide, y partiendo de ello cabe postular la hipótesis de que la energía toroidal se encuentra en el núcleo mismo de la materia.

Y siendo así, por el Principio de Fractalidad (pág. 31) deducimos que el Toroide define, aunque sólo sea parcialmente, la realidad del Universo.

La visión de ese sistema sin considerar el movimiento de traslación de su punto central (pág. 190) es la siguiente:

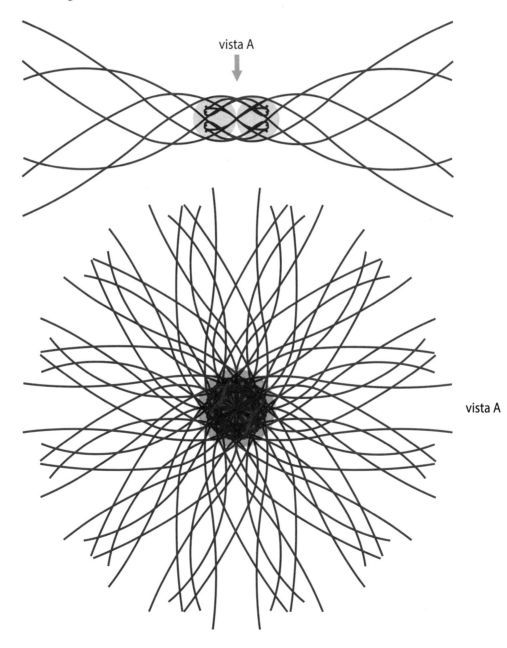

vista A

vista A

Y considerando finalmente la rotación global del sistema, surge la imagen de una galaxia, entre los miles de millones de ellas que contiene nuestro Universo.

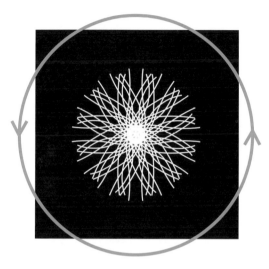

Galaxia   (fuente: NASA)

El Principio de Fractalidad nos enseña que la estructura básica de lo más ínfimo es semejante a la de lo inmenso. Por consiguiente, me atrevo a conjeturar que la estructura energética del espacio a nivel atómico parte asimismo de un núcleo toroidal, equivalente a lo propuesto aquí para el Universo en su conjunto.

La física relativista observa el Universo desde su interior, inevitablemente por el momento, mientras que la mecánica cuántica analiza el entorno atómico desde el exterior del mismo, inevitablemente también. Las ecuaciones relativistas son válidas en el campo astronómico, así como las de la cuántica lo son a nivel atómico, pero ambas teorías fracasan al ser aplicadas fuera de sus respectivos dominios.

Cabe aventurar que las divergencias entre las visiones relativista y cuántica de la física podrían ser debidas a esa diferente posición relativa del observador.

De acuerdo con esa línea de pensamiento, considero que para obtener concordancia entre ellas habría que poder observar el Universo desde su exterior. Actualmente esto es inconcebible para nosotros, pero bien pudiera ser que en el futuro fuera posible simular esa situación.

Tal vez entonces se encontrará el camino hacia una eventual «Teoría del Todo».

Visto que el centro del sistema también gira (págs. 183 y ss.), eso induce el desplazamiento del toroide completo, describiendo una trayectoria que corresponde a una espiral de Goodson.

Recapitulando lo investigado a lo largo de este estudio, concluimos que la estructura básica de la materia en nuestro mundo conocido parte de un núcleo toroidal que late, emitiendo un campo energético que gira y se expande por el espacio-tiempo, describiendo espirales de Goodson…[42]

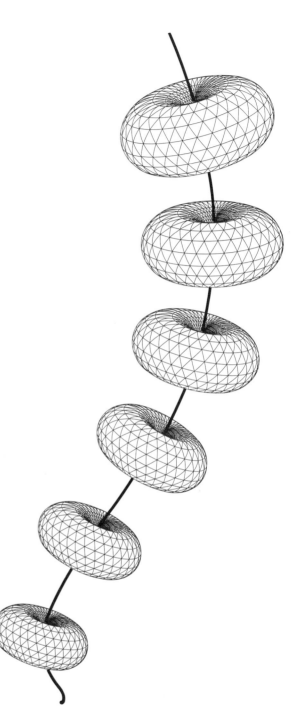

---

42. La metafísica sufí es una de las manifestaciones del pensamiento humano que ha plasmado esta concepción universal en su expresión corporal. En efecto, los Derviches Giróvagos («Mevleví»), materializan a través de sus danzas esos tres movimientos: respiración, rotación y expansión. Es la forma que han encontrado para sincronizarse con el Universo. Tanto es así que en sus rituales el bailarín central simboliza al Sol, y sus acompañantes representan los planetas y las estrellas.

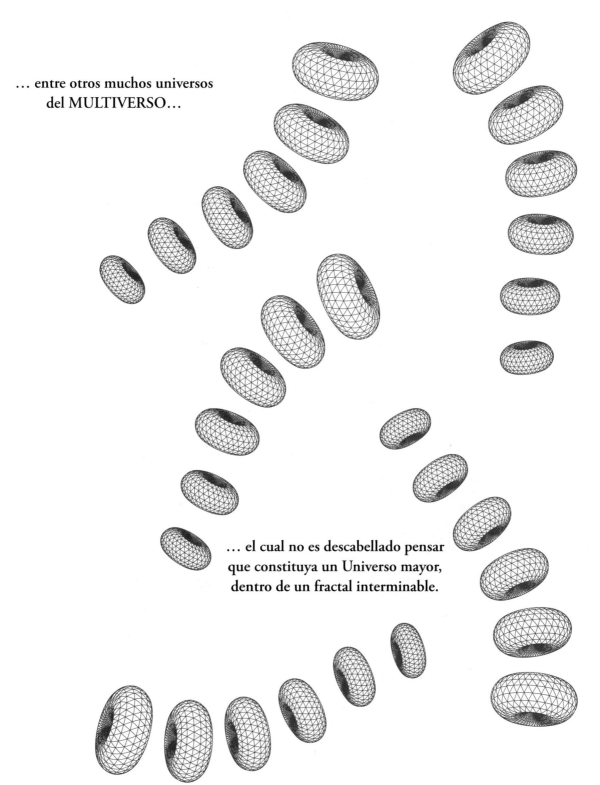

… entre otros muchos universos
del MULTIVERSO…

… el cual no es descabellado pensar
que constituya un Universo mayor,
dentro de un fractal interminable.

201

SEGUNDA PARTE

RESUMEN
y
CONCLUSIONES FINALES

Escala Poliédrica de Goodson

Partiendo de la mínima expresión de la geometría, el Punto, hemos analizado múltiples patrones de la 2D y la 3D, siendo conducidos a la certeza de que el llamado espacio tridimensional contiene una matriz energética a través de la cual se manifiesta toda realidad, material o inmaterial, que una mente humana pueda concebir.

También hemos comprobado que, en su esencia, la geometría induce el movimiento y la vida.

Los poliedros, en concreto, se nos han mostrado como una suerte de cadena en la que uno conduce al siguiente hasta completar un conjunto interrelacionado.

En efecto, ese encadenamiento puede ser resumido como sigue:

- La Esfera se muestra como el origen primordial de toda geometría, y de su fractalización surge la Estrella Tetraédrica, o Merkaba (págs. 108 y 109).

Esfera

Estrella Tetraédrica
(Merkaba)

- A continuación vemos que la Estrella Tetraédrica queda inscrita en el Hexaedro (págs. 102 y 103).

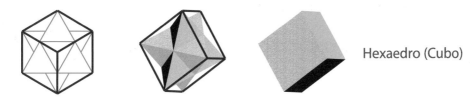

Hexaedro (Cubo)

- El Hexaedro, a su vez, se inscribe en el Octaedro (pág. 107).

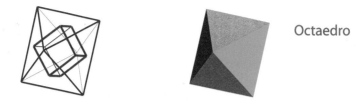

Octaedro

- El Octaedro aparece cobijado en el centro del Tetraedro (págs. 79, 100 y 107).

Tetraedro

- La secuencia Merkaba/Hexaedro/Octaedro/Tetraedro genera la primera dinámica de la 3D: la respiración, latido o vibración.

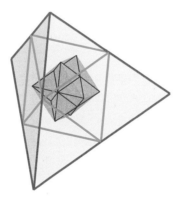

MERKABA-HEXAEDRO-OCTAEDRO-TETRAEDRO (inhalación)
TETRAEDRO-OCTAEDRO-HEXAEDRO-MERKABA (exhalación)

De acuerdo con esta doble secuencia, los volúmenes de los poliedros que conforman la respiración de la 3D determinan la progresión numérica siguiente (pág. 107):

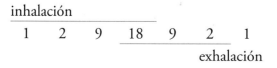

inhalación

1	2	9	18	9	2	1

exhalación

Además, el Tetraedro y el Octaedro, a través del Merkaba, explican otro de los movimientos intrínsecos en la 3D: la expansión o crecimiento (págs. 114 y 115).

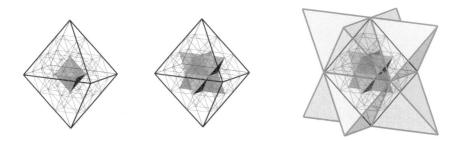

- El Tetragiro, un poliedro nunca antes descrito (si bien es una estructura conocida en el campo de la química orgánica) el cual se forma mediante dos tetraedros invertidos que presentan un vértice común y de modo que sus dos caras opuestas son paralelas, se fractaliza en el Cuboctaedro al ser rotado respecto a ese vértice.

  Surge así una nueva manifestación del movimiento en la 3D: la rotación (pág. 91).

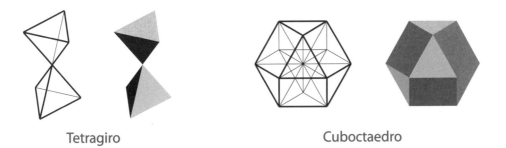

Tetragiro   Cuboctaedro

- Y mediante la rotación de las aristas del Cuboctaedro se origina el Icosaedro (pág. 120).

Icosaedro

- Finalmente el Icosaedro, a través del pentágono, abre las puertas al más complejo de los Sólidos Platónicos: el Dodecaedro (págs. 129 y 130).

Dodecaedro

- El Icosaedro y el Dodecaedro se encuentran entrelazados alternativamente en una secuencia expansiva infinita que sigue la Proporción Áurea: la arista de cualquier poliedro de esa progresión es igual a la de su anterior multiplicada por φ (pág. 151).

- Ese proceso muestra de nuevo la expansión de la 3D, y puede ser ilustrado mediante la Espiral Áurea (pág. 154), la cual describe el proceso de crecimiento de los seres vivos en la Naturaleza de nuestro planeta.

Todo lo anterior nos conduce
a afirmar que

LA GEOMETRÍA CONTIENE
LA ESENCIA DE LA VIDA

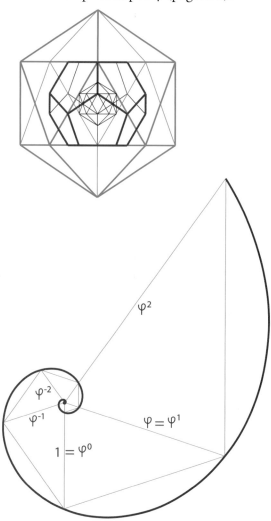

A semejanza de las notas de la escala musical, o los colores del espectro de la luz visible por el ojo humano, ha surgido aquí una escala, en este caso de 9 volúmenes encadenados geométricamente cada uno de ellos con su siguiente.[43]

Llamaremos a este encadenamiento **Escala Poliédrica de Goodson**.[44]

De nuevo el número 9.

Al inicio de este análisis hemos bautizado al 9 como la esencia de la Matriz de la Vida (págs. 24 y 25).

Tras la Esfera originaria, los cuatro poliedros siguientes estructuran la respiración:

- Ciclo de inhalación
  Merkaba/Hexaedro/Octaedro/Tetraedro

- Ciclo de exhalación
  Tetraedro/Octaedro/Hexaedro/Merkaba

Cabe entender el Tetragiro como una variación posicional del Merkaba, puesto que ambos están compuestos por dos tetraedros iguales, invertidos y girados idénticamente entre ellos.

El Tetragiro inicia una segunda subescala en la que, junto al Cuboctaedro, aportan el movimiento de rotación al conjunto.

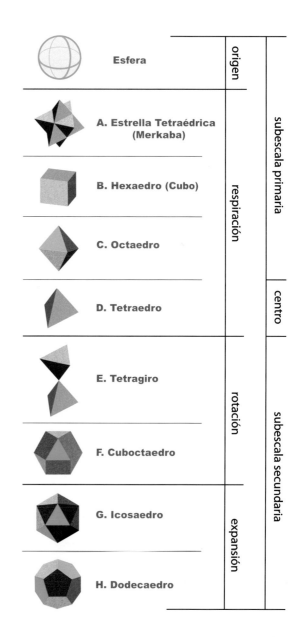

Esfera — origen

A. Estrella Tetraédrica (Merkaba)

B. Hexaedro (Cubo)

C. Octaedro

respiración

D. Tetraedro — centro

E. Tetragiro

F. Cuboctaedro — rotación

G. Icosaedro

H. Dodecaedro — expansión

subescala primaria

subescala secundaria

---

43. Desde que Isaac Newton (1643/1727) asociara las notas de la escala musical diatónica con los colores del espectro lumínico, son varios los tratados que han estudiado esas relaciones, basados unos en la intuición y la lógica, y otros más rigurosamente empíricos.

   Por otra parte, la tradición hinduista distingue siete centros energéticos fundamentales en el cuerpo humano (chakras), si bien también hay quien habla de 9 y hasta 12 o más núcleos energéticos, y cada uno de ellos es asociado a un color, una geometría y un sonido. Existe numerosa bibliografía e información online sobre esta temática.

44. Se ha optado por el término «poliédrica» a pesar de que la Esfera no es estrictamente un poliedro, si bien en el límite puede ser definida como tal: un poliedro con un número infinito de caras.

Finalmente, el Icosaedro y el Dodecaedro inducen la expansión en el sistema.

El Tetraedro se posiciona en el centro de la escala, como eje de la misma.

La danza de los Derviches Giróvagos (mencionada en la nota al pie de la página 200) parece claramente una manifestación ritual de este proceso geométrico.

Y todo lo anterior me conduce a aventurar una estrecha relación de la Escala Poliédrica de Goodson con las notas musicales y los colores, e invito a avanzar en esa investigación a quien se sienta facultado para ello.

Ahora bien, las escalas musicales y cromáticas que habitualmente se utilizan no son más que selecciones convencionales, concebidas a fin de sintetizar y hacer manejables en la práctica series tonales y de color que en sí mismas son infinitas.

Veamos cómo se desarrolla la cadena geométrica que ha aflorado en nuestro análisis.

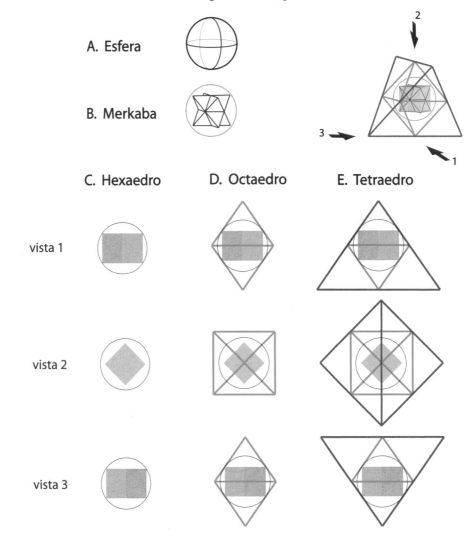

El Tetragiro se forma aplicando una rotación de 180º a un tetraedro respecto a uno de sus vértices (O) y perpendicularmente a una de sus caras (OMN).

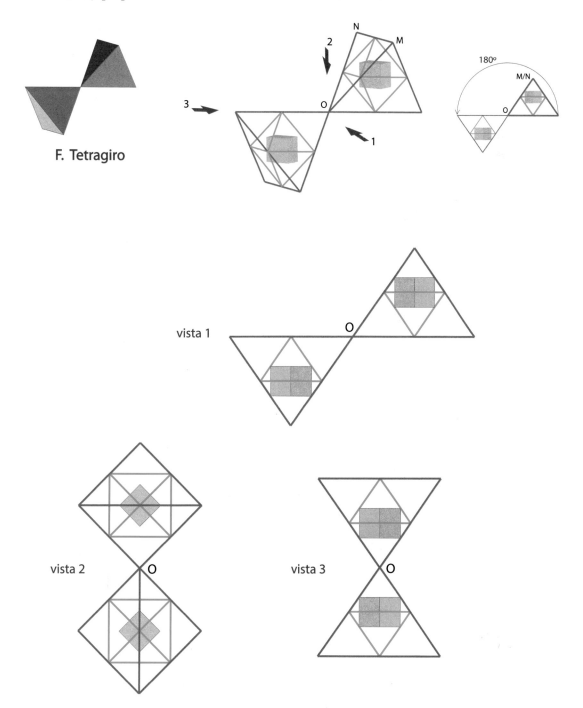

F. Tetragiro

vista 1

vista 2

vista 3

Haciendo girar progresivamente el Tetragiro sobre el plano de proyección de la vista B, y con centro en el vértice común (O) de los dos tetraedros que lo componen, se va obteniendo una sucesión indefinida de geometrías, como sigue:

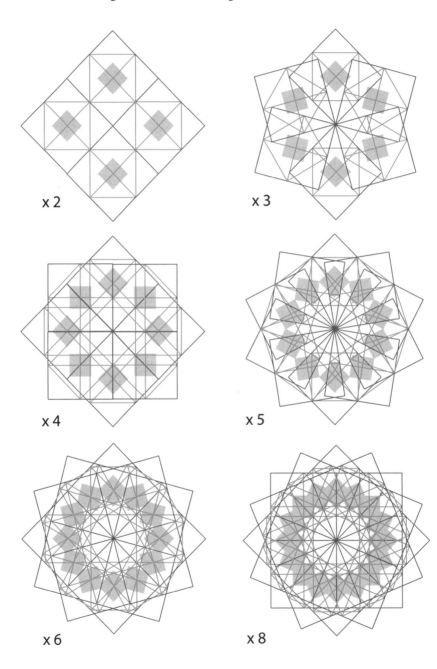

x 2   x 3

x 4   x 5

x 6   x 8

Esas geometrías permiten aflorar los restantes tres poliedros de la Escala de Goodson.

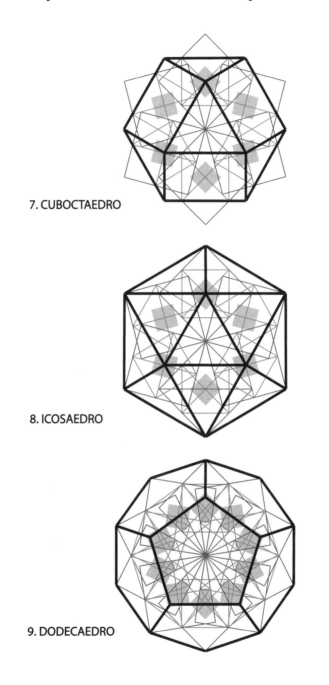

7. CUBOCTAEDRO

8. ICOSAEDRO

9. DODECAEDRO

La Escala Poliédrica de Goodson determina una sucesión de esferas[45] cuyos diámetros se detallan a continuación:

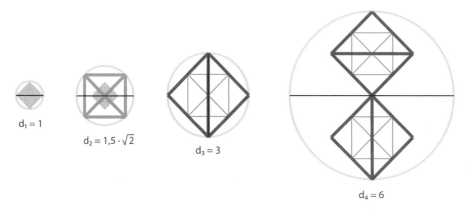

$d_1 = 1$

$d_2 = 1,5 \cdot \sqrt{2}$

$d_3 = 3$

$d_4 = 6$

Si llevamos al límite el proceso de rotación descrito, surgen tres coronas esféricas, o toroides, que corresponden respectivamente a la rotación de los Hexaedros, los Octaedros y los Tetragiros, albergando esta última en su interior a las dos primeras.

Hexaedros **Octaedros** **Tetragiros**

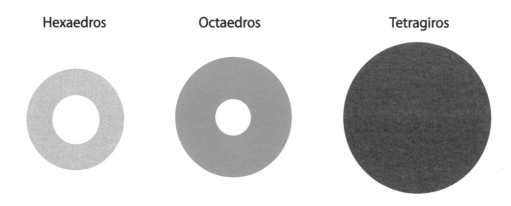

45. La Escuela Pitagórica (siglos -VI/-IV) acuñó el concepto «Armonía de las Esferas», que más adelante fue analizado por Platón (*La República* y *Timeo*), y Aristóteles (*Tratado del Cielo*), llegando su influjo a la Antigua Roma (Plinio el Viejo, Cicerón…) y al Renacimiento, sobre todo en el *Mysterium Cosmographicum* de Johannes Kepler.
    Otros muchos tratados han sido realizados a lo largo de los tiempos, y el músico Gustav T. Von Holst (1874/1934) incluso concibió una suite orquestal, *Los Planetas*, basándose en conocimientos utilizados habitualmente en Astrología.
    La «Armonía de las Esferas» se basa en una hipótesis según la cual el Universo y todas sus partes se rigen mediante proporciones matemáticas, que a su vez definen escalas musicales, cuyos intervalos están relacionados con las distancias relativas entre los planetas, con sus distintos tamaños, o con la velocidad de cada uno respecto a los otros. En la actualidad, el investigador australiano que firma como «Jain108» ha estudiado con detenimiento estos temas, aportando una visión muy estructurada de los mismos, desde la denominada Geometría Sagrada.

Ese conjunto en su proyección 2D se muestra como sigue:

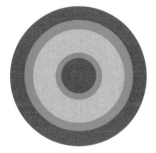

¿Y cómo interpretar todo esto?

Antes de aventurar hipótesis más atrevidas, lo que sí se muestra con toda rotundidad es que el desarrollo geométrico que comenzó en la Circunferencia (pág. 19), como la mínima expresión de la geometría, si bien pronto observamos que había que considerarla en 3D, esto es la Esfera (pág. 32), nos ha reconducido al lugar de origen: el PUNTO (págs. 38 y 39).

El proceso de retorno al origen es esencial en la Naturaleza de nuestro mundo, estando presente en la teoría de la matemática, en las ciencias físicas y sociales, así como en la música, la literatura y otras muchas disciplinas, incluidas la teología y la metafísica.

Se trata de la «Ciclicidad», un fenómeno que se muestra como intrínseco a la 3D desde su mismo origen, y que conduce a una interpretación circular del tiempo y a los desarrollos en espiral.[46]

---

46. El «eterno retorno» es un concepto filosófico propio del estoicismo, una escuela de pensamiento fundada por Zenón de Citio (-336/-264) en la Atenas Clásica, y que tuvo una gran preponderancia en la Antigua Roma, contándose entre sus adeptos Cicerón (-106/-43), Séneca (-4/65), el emperador Marco Aurelio (121/180) y otros pensadores notables.

El influjo del estoicismo es reconocible en las obras de Erasmo de Rotterdam (1466/1536), René Descartes (1596/1650), Immanuel Kant (1724/1804), entre otros, siendo Friedrich Nietzsche (1844/1900) quien acuñó la expresión del «eterno retorno» en su obra *Die fröliche Wissenschaft* (*La gaya ciencia*), y consolidó filosóficamente ese concepto en *Also sprach Zarathustra* (*Así habló Zaratustra*), ofreciendo una visión netamente amoral del mismo.

Una de las tesis del estoicismo consiste en que los acontecimientos de la historia del mundo se repiten una y otra vez, llevándolo a la destrucción, y siendo después creado de nuevo.

¿Y cuál podría ser la equivalencia del Punto como sonido?

Las tradiciones dharmicas (hinduismo, budismo, jainismo…) ofrecen el sonido primigenio «OM», que de acuerdo con esas creencias es la primera vibración que emana del Principio Universal Supremo.

«O» es la decimoquinta letra del abecedario, «M» la decimotercera: 15+13 = 28, que se reduce como 2+8 = 10, y 10 es 1+0 = 1.

Por lo tanto OM representa la UNIDAD, el sonido primordial, y también el PUNTO, es decir, la geometría originaria, la Esfera Origen.

Por otro lado, las primeras palabras del Evangelio de Juan también son altamente reveladoras:

«In Principio erat Verbum, et Verbum erat apud Deum, et Deus erat Verbum» (Vulgata 1:1).[47]

El Verbo, esto es, el sonido, la palabra, frecuencia vibratoria en definitiva.

La pregunta que acecha entonces es: ¿De dónde procede esa voz primordial que origina la realidad?

La respuesta habitual es «Procede de Dios», concepto que ha tomado muy diferentes denominaciones a lo largo de la Historia: Brahma, Ra, Yahvé, Allah, Dios, Zeus, Thor, Quetzalcóatl, Kukulkán, Principio o Fuente Universal…, confluyendo todas ellas en una misma idea: el origen creador de todo lo que existe.

En el hinduismo, la concepción cíclica del tiempo se asocia a un camino de purificación y perfeccionamiento, la «Rueda del Samsara», que tiene su culminación en la consecución del «Nirvana», donde ese camino termina y el «Atman» (Ser, o Alma) accede a la «Iluminación».

El Ave Fénix, renaciendo una y otra vez sobre sus cenizas, es probablemente el ser mitológico que mejor se adapta a esa visión estoica, habiendo sido asociado a múltiples conceptos metafísicos: eternidad, inmortalidad, renacimiento o reencarnación, purificación.

Otro mito, el de Sísifo, también ilustra el concepto del eterno retorno, esta vez asociado al castigo divino; Sísifo es obligado a subir una gran piedra por la ladera de una montaña, y justo antes de coronar la cima la piedra cae al fondo del valle, de modo que tiene que volver a intentarlo, aunque sin éxito, puesto que el proceso se repite eternamente.

El Teorema de la Recurrencia del matemático Henri Poincaré (1854/1912), uno de los padres de la «Teoría del Caos», aproxima el concepto del eterno retorno al campo de la física teórica. En síntesis ese teorema establece que en un sistema aislado y dinámico, las partículas contenidas en él se encontrarán cada cierto tiempo, llamado «tiempo de recurrencia», en la misma situación relativa, o muy parecida, que al inicio de ese período.

Dentro de las teorías más recientes, la «Cosmología Cíclica Conforme», planteada por el Premio Nobel de Física de 2020, Roger Penrose (n.1931), postula una secuencia infinita de universos sucesivos encadenados mediante también sucesivos eventos de Big Bang, configurando así una mecánica universal cíclica.

El concepto de Ciclicidad es también uno de los pilares básicos del llamado desarrollo sostenible (sustentable), en cuyos preceptos se utilizan frecuentemente expresiones como «análisis de ciclo de vida», «economía circular»…

47. La traducción más habitual es: «En el Principio era el Verbo, y el Verbo era con Dios, y el Verbo era Dios».

¿Y qué es Dios, el sonido o el lugar de donde surge? ¿Qué es antes, el huevo o la gallina?

Yo me atrevo a concluir aventurando una definición, mas sin ánimo de pretender la verdad absoluta, por supuesto, ya que a semejanza del Infinito, la Verdad no puede existir en el plano material.

**EL SONIDO PRIMORDIAL SURGE DE UN ORIGEN
QUE CONTIENE TODAS LAS GEOMETRÍAS,
LAS CUALES SON LA FUENTE DE LA VIDA.**

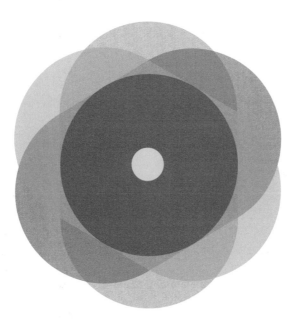

OOOOOOMMMMMM......

Generador de Goodson

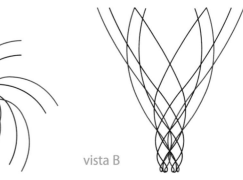

En la primera parte de este ensayo vimos que la rotación relativa de los dos tetraedros de un tetragiro, respecto a un eje longitudinal perpendicular a las dos caras opuestas del mismo, daba lugar a un campo energético de torsión del espacio-tiempo, que denominamos Vórtice de Goodson (pág. 188).

El movimiento del vértice central del tetragiro se desarrolla según 6 trayectorias en espiral logarítmica, y los 3 vértices exteriores de cada tetraedro describen otras 6, configurando un haz de 12 espirales.

La vista A del mismo se asemeja a la rotación de los huracanes y las galaxias, y la vista B sugiere el movimiento de un líquido deslizándose por las paredes de un embudo.[48]

vista A   vista B

---

48. Los investigadores Elisabeth A. Rauscher (1937/2019) y Nassim Haramein (n.1962) publicaron en el año 2005 un artículo titulado «The origin of Spin», donde proponen una reinterpretación de las ecuaciones de la teoría relativista, mostrando que la estructura del espacio-tiempo no sólo es curva, sino que además está sujeta a torsión, «como un vórtice, como el torbellino que forma el agua escurriéndose por un sumidero».

Actualmente (2023), la «Resonance Science Foundation» de Nassim Haramein está desarrollando un modelo cosmológico que concibe nuestro Universo como un inmenso agujero negro, lo cual explicaría buena parte de la información que llega desde el Telescopio Espacial James Webb, puesto en órbita en diciembre de 2021 con un horizonte funcional de hasta 10 años, y que por el momento está llevando a poner en duda la verosimilitud de la teoría del Big Bang, consensuada hasta la fecha por la comunidad científica desde los años setenta del siglo xx.

En otra línea de investigación, el físico teórico Nikodem J. Poplawski (n.1975) lanzó en 2010 una hipótesis («Our Universe was born in a Black Hole») según la cual los Agujeros de Gusano (AG) conectan pares de universos, de modo que en uno de ellos ese AG se muestra como un Agujero Negro (absorbiendo luz) y como un Agujero Blanco (emitiendo luz) en el universo opuesto.

Es evidente que el Vórtice de Goodson completo se encuentra dentro de esa misma lógica de pensamiento.

Ese vórtice además es dual, expandiéndose simultáneamente en dos direcciones opuestas (pág. 189).

A continuación veremos cómo esta dinámica permite concebir un modelo de generación de energía.

Primer Principio de Goodson

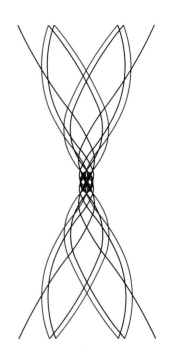

Un tetragiro formado por dos tetraedros imantados con idéntica fuerza magnética, invertidos uno con respecto al otro, y colocados libremente sobre un eje perpendicular a las dos caras opuestas del mismo, induce, mediante un movimiento de rotación espontánea, un campo magnético en forma de Vórtice de Goodson.[49]

Ese movimiento es inducido por la propia geometría de los tetraedros, y por el hecho de estar uno opuesto y girado respecto al otro. Dicho de otra manera, la disimetría relativa de las posiciones de ambos tetraedros respecto al eje de rotación da lugar a un diferencial de campo magnético, el cual provoca el movimiento.

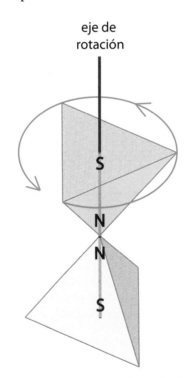

eje de rotación

S

N

N

S

49. En adelante asimilaremos el polo Norte de esos imanes como polo + y el polo Sur como -

Por lo tanto, según la posición relativa entre ambos tetraedros, la intensidad del campo será mayor o menor, alcanzando su máximo cuando los tetraedros estén girados 60º/120º/180º entre ellos. Eso implica que se trata de un campo magnético ondulatorio, y para evitar que la rotación se detenga, será preciso aportar al sistema una fuerza externa que venza los puntos de intensidad de campo nula, así como, por supuesto, la inercia propia del mismo.

Posición de campo magnético máximo

Posición de campo magnético nulo

Los polos + enfrentados provocarán la repulsión entre los dos tetraedros (1), y estando el inferior fijado a su base, el superior ascenderá rotando por el eje (2) hasta quedar fuera del alcance del campo magnético del primero, momento en el que se detendrá (3).

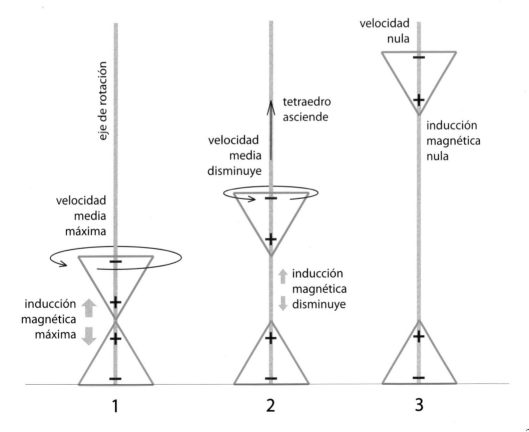

Vamos a considerar solamente el vórtice definido por la rotación de los vértices extremos del tetragiro, puesto que el vértice central del mismo está confinado a lo largo del eje de rotación, por lo que su haz de espirales no puede manifestarse como tal, disipándose la energía correspondiente en forma de luz o calor.

El Vórtice de Goodson se estructura mediante dos campos magnéticos opuestos: ascendente y descendente.

El campo ascendente genera energía cinética: movimiento del tetraedro superior rotando y trasladándose a lo largo del eje.

Suponiendo el tetraedro inferior fijado a su base, el campo descendente se manifiesta como energía potencial, que será liberada en forma de luz o calor.

Si, por el contrario, se permite la rotación del tetraedro inferior, asimismo se obtendrá energía cinética de él.

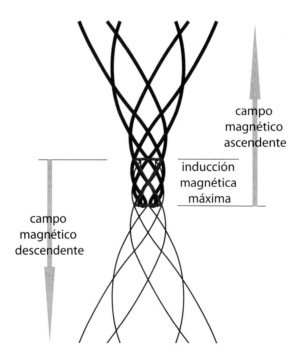

campo magnético ascendente

inducción magnética máxima

campo magnético descendente

Segundo Principio de Goodson

Un tetragiro formado por dos tetraedros imantados con idéntica fuerza magnética, girados 60° uno respecto al otro, y colocados sobre un eje de rotación perpendicular al que une sus dos caras opuestas, induce, mediante un movimiento de rotación espontánea, un campo magnético toroidal.

En la ilustración adjunta se visualiza el toroide envolviendo la trayectoria de rotación del tetragiro.

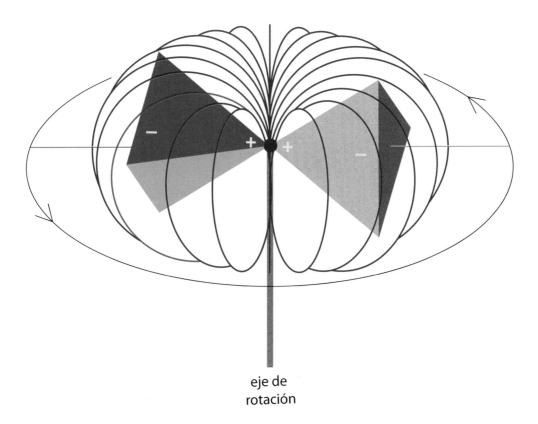

eje de
rotación

El movimiento de rotación predicho es inducido por la propia geometría de los tetraedros, y por el hecho de estar uno opuesto y girado respecto al otro.

A diferencia del campo generado según el Primer Principio de Goodson, el campo toroidal descrito en el Segundo Principio no requiere una fuente de energía externa al sistema para mantener la rotación del mismo.

El campo toroidal se cierra en sí mismo, de modo que la intensidad magnética en el exterior del toroide es nula (pág. 194).

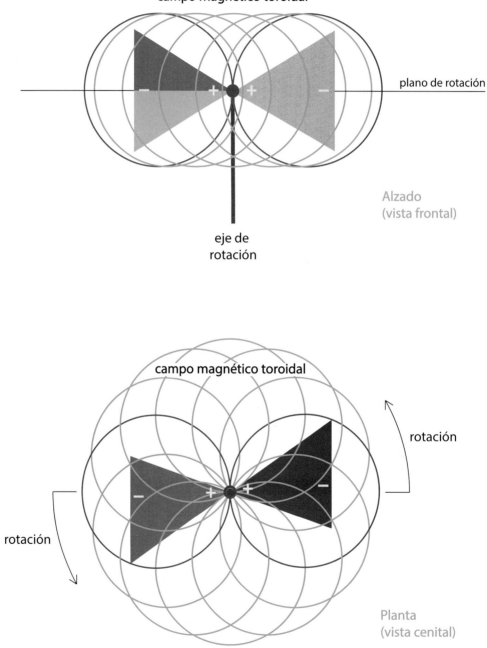

campo magnético toroidal

plano de rotación

Alzado
(vista frontal)

eje de
rotación

campo magnético toroidal

rotación

rotación

Planta
(vista cenital)

La acción combinada de ambos Principios de Goodson aplicados en un sistema único produce un doble campo magnético: uno abierto, o de Goodson, y otro toroidal, esto es, cerrado.

El conjunto define un sistema energético al que llamaremos Generador de Goodson.

El campo toroidal, que como dijimos es continuo, aporta al conjunto la energía que requiere el campo de Goodson, que es sinusoidal, para evitar los puntos de campo nulo, y así no detener su rotación.

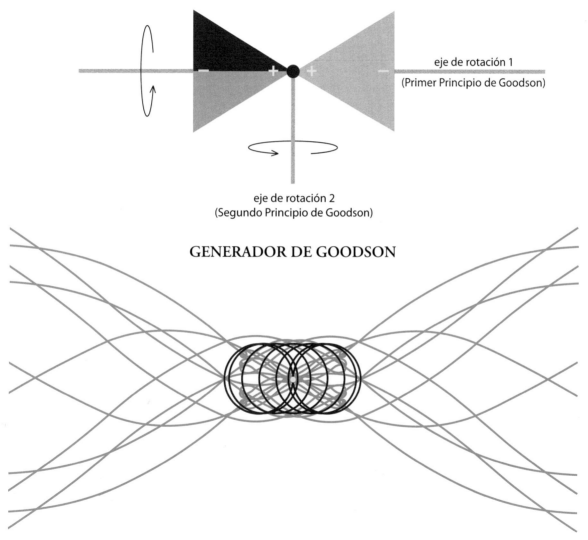

GENERADOR DE GOODSON

Las aplicaciones de este sistema energético pueden ser múltiples y variadas, por un lado transmitiendo la energía cinética liberada en dispositivos de automoción, aeronáutica, etc., y por otro aprovechando la energía potencial en forma de luz o calor en aparatos de toda índole.

Otras dimensiones

Los seres humanos, conscientes de nuestra realidad espaciotemporal 4D, pasamos no obstante gran parte de nuestras vidas proyectados en 2D y 3D.

Eso hacemos cuando revisamos las fotografías (2D) de nuestras recientes vacaciones, o cuando vemos una película (2D+Tiempo) en nuestra smartTV. También cuando consultamos online la información de un determinado restaurante al que estamos pensando acudir, o cuando queremos comprar unas camisetas para la temporada veraniega, o cuando publicamos en redes sociales el último video que hemos preparado para la promoción de nuestro negocio.

Y asimismo hacen los técnicos que siguen los movimientos de los satélites artificiales, o los astrónomos que investigan las más remotas galaxias desde sus sofisticadas pantallas y potentísimos telescopios. Los ejemplos de nuestra vida proyectada en 2D y 3D son prácticamente inacabables.

Por el Principio de Fractalidad, nuestra percepción 4D debería corresponder a una proyección de una realidad 5D o superior.

En Álgebra Lineal se concibe fácilmente esa realidad.

En efecto:

$A_0 + A_1 x_1 + A_2 x_2 = 0$ es la ecuación de una recta genérica sobre el plano de referencia cartesiana 2D.

$A_0 + A_1 x_1 + A_2 x_2 + A_3 x_3 = 0$ es la ecuación de esa recta en el espacio cartesiano 3D.

$A_0 + A_1 x_1 + A_2 x_2 + A_3 x_3 + A_4 x_4 = 0$ es la ecuación de la misma en el espacio teórico 4D, y por extensión fractal:

$A_0 + A_1 x_1 + A_2 x_2 + A_3 x_3 + A_4 x_4 + A_5 x_5 + \ldots\ldots + A_n x_n = 0$ es la ecuación de la recta en dimensión «n».

Ese mismo ejercicio puede hacerse partiendo de la ecuación de la circunferencia (2D), luego la esfera (3D), a continuación la hiperesfera (4D), y por extensión la esfera «n-dimensional».

Nótese que la recta concebida en 3D, por ejemplo, no es más que un caso particular de la recta de dimensión «n», sólo que, salvo sus cuatro primeros términos, los demás son todos nulos.

Dicho de otro modo, esa recta, en cualquier dimensión que sea observada, contiene a todas las proyecciones posibles de la misma en cualquiera de sus dimensiones inferiores.

Y quien dice «recta», puede decir «cualquier entidad geométrica imaginable».

Todo ello es conocido y ha sido investigado en el campo de la matemática y la física teórica,[50] pero también extiende su influjo en filosofía, literatura, artes plásticas, cine, psicología, espiritualidad... [51]

---

50. Bernhard Riemann (1826/1866), Arthur Cayley (1821/1895), pero sobre todo Ludwig Schläfli (1814/1895) con su «Teoría de la Continuidad Múltiple», marcaron el inicio del desarrollo matemático de la geometría «n-dimensional». En 1905, Albert Einstein (1879/1955) planteó su «Teoría de la Relatividad Especial», que él mismo desarrolló en la «Teoría de la Relatividad General» (1915), apoyándose en el modelo espaciotemporal postulado por el matemático Hermann Minkowski (1864/1909). Posteriormente los físicos Theodor Kazula (1885/1954) y Oskar Klein (1894/1977) se adentraron en la multidimensionalidad, y otros muchos científicos han seguido esa línea de investigación a lo largo de los años.

Contemporáneamente a la teoría de Einstein, Max Planck (1858/1947) sembró una nueva semilla, la «Mecánica Cuántica», fundamentalmente incompatible con el relativismo. Entre los nombres más ilustres vinculados a la física cuántica se encuentran Niels Bohr (1885/1962), Erwin Schrödinger (1887/1961) y Werner Heisenberg (1901/1976), aunque son multitud los científicos que han investigado en ese campo durante el último siglo.

Desde hace varias décadas la comunidad científica busca una «teoría del campo unificado» que termine con la dicotomía entre física relativista y mecánica cuántica, teniendo depositadas en parte sus esperanzas en la «Teoría de Supercuerdas». En este camino cabe destacar al físico John H. Schwartz (n.1941) como pionero de la «Teoría de Cuerdas», y a otros muchos investigadores, entre los cuales se cuentan Stephen Hawking (1942/2018), Michael B. Green (n.1946), Michio Kaku (n.1947), Edward Witten (n.1951), Nassim Haramein (n.1962), que en su labor de divulgación nos han familiarizado con expresiones como «Agujero negro», «Distorsión del espacio-tiempo», «Entrelazamiento cuántico», «Universos paralelos», «Agujero de gusano», «Multiverso», «Hiperespacio», «Energía oscura», «Energía del vacío»...

51. Más allá del terreno científico, la imaginación creadora en relación a las dimensiones superiores se desborda en las obras de multitud de autores literarios. Por ejemplo, el matemático Charles L. Dodgson (1832/1898), conocido bajo el seudónimo que lo inmortalizó, Lewis Carroll, apunta conceptualmente el salto dimensional y los agujeros de gusano, pero sin utilizar esos términos, por supuesto, en *Alicia a través del espejo* (1871), un relato en apariencia destinado al público infantil, pero que contiene una gran profundidad lógica y filosófica.

Otro caso parecido es el no menos polifacético Charles H. Hinton (1853/1907), también matemático, quien acuñó el término «Teseracto» como representación 3D de un Hexaedro tetradimensional (4-Cubo). Hinton es considerado además el precursor del género de la ciencia-ficción por sus *Scientific Romances* (1884), si bien hay quien sostiene que ese honor corresponde al gran Jules Verne (1828/1905). No obstante, fue Herbert G. Wells (1866/1946) con su novela *La máquina del tiempo* (1895) quien desató la fiebre ultradimensional, aunque esa obra simplemente plantea la cuestión, sin adentrarse en ella en profundidad. H.G. Wells fue muy prolífico e insistió en la temática de la cuarta dimensión y los universos paralelos en otros muchos de sus relatos.

Cabe destacar también *Planilandia, una novela de muchas dimensiones* (1884), del teólogo Edwin E. Abbott (1838/1926), un relato alegórico en el que un ser cuadrado emprende la exploración del mundo bidimensional, hasta toparse con la existencia de la multidimensionalidad.

Algunos años más tarde, unas ilustraciones del *Traité élémentaire de géométrie à quatre dimensions et introduction à la géométrie à 'n' dimensions* (1903) publicado por Esprit Jouffret (1837/1904), inspiraron a Pablo Picasso (1881/1973) y Georges Braque (1882/1963) en la concepción del cubismo, uno de los movimientos artísticos más revolucionarios y trascendentales del siglo xx, siendo su punto de partida el intento de acceder a la cuarta dimensión desde la pintura. En 1936, el «Manifeste Dimensioniste» involucró a grandes artistas, entre los cuales Vassily Kandinsky (1866/1944), Francis Picabia (1879/1953), Marcel Duchamp (1887/1968), Joan Miró (1893/1983), Alexander Calder (1898/1976)...

La «Alegoría de la Caverna»,[52] del gran filósofo clásico Platón (-427/-347), nos inicia en la concepción de la experiencia humana como proyección de una realidad de orden superior.

En arquitectura es preciso destacar el *Grand Arche de La Défense* (1989), en París, que representa un Teseracto.

Desde el análisis psicológico de la mente humana, Sigmund Freud (1856/1939) con su investigación en el mundo onírico de los sueños, y Carl G. Jung (1875/1961) con su teoría del «inconsciente colectivo» como estructura arquetípica del comportamiento humano, se adentraron también en las ignotas dimensiones más allá de la realidad consciente.

El influjo de la multidimensionalidad en la filosofía esotérica se encuentra en diversas escuelas de pensamiento, entre ellas la Sociedad Teosófica de Helena Blavatsky (1831/1891), conocida como Madame Blavatsky, y la Sociedad Antroposófica de Rudolf Steiner (1861/1925). Ambas tendencias, especialmente la Antroposofía, son claramente pluridisciplinares, abarcando temáticas de toda clase: teología, ética, educación, medicina, agricultura, astrología, mitología, arquitectura, teatro… El denominador común de esas corrientes filosóficas estriba en que se apoyan en buena medida en las antiguas tradiciones del hinduismo y el budismo, como asimismo hicieron los movimientos espirituales surgidos en Occidente durante la segunda mitad del siglo xx, y que han desembocado en la denominada *New Age* (Nueva Era).

En esa línea es preciso citar al físico John Hagelin (n.1954), quien dirigió un proyecto a fin de evaluar fehacientemente lo que los practicantes de la meditación trascendental denominan «efecto Maharishi», esto es la capacidad que puede tener una experiencia de meditación colectiva a gran escala sobre el comportamiento de una comunidad ciudadana. Cerca de cuatro mil personas se reunieron a finales del mes de julio de 1993 en Washington DC, en un encuentro donde se invocó la paz y la fraternidad entre los ciudadanos. Según los registros de la policía del Estado de Columbia, en las seis semanas siguientes la tasa de criminalidad disminuyó allí más de un 23 %.

Otro investigador, Roger D. Nelson (n.1940), fundador del «Global Conciousness Project» (1998), buscó encontrar relación entre acontecimientos significativos sucedidos a nivel mundial y alteraciones detectadas en secuencias de datos generadas mediante un algoritmo aleatorio, habiendo observado comportamientos anómalos en el sistema, por ejemplo, durante y tras los atentados del 11-S de 2001 en Nueva York, así como al inicio de la guerra de Afganistán, y también en las festividades de Navidad y Año Nuevo.

En ambos casos la intención era concluir si existe alguna manifestación tangible del «inconsciente colectivo» de Jung, y si es posible cuantificarlo de alguna manera. Lo cierto es que la opinión de la comunidad científica se encuentra muy dividida en cuanto a las conclusiones de ambos experimentos.

La lista de escritores que se han adentrado en la cuestión ultradimensional, con mayor o menor profundidad, sería interminable. Baste destacar algunos ejemplos: Edgar Allan Poe (1809/1849), Oscar Wilde (1854/1900), Joseph Conrad (1857/1924), Rudyard Kipling (1865/1936), Marcel Proust (1871/1922), Howard P. Lovecraft (1890/1937), Jorge Luis Borges (1899/1986), entre otros muchos.

No obstante, el género que ha entrado de lleno en la temática de la multidimensionalidad es sin duda la ciencia-ficción, y muy notablemente la producción cinematográfica, donde muchas películas y series televisivas, elaboradas sobre una base literaria o sin ella, la han abordado de alguna manera. Por su carácter pionero y por el impacto público obtenido cuando se estrenaron, cabría destacar las series *The Twilight Zone* (1959/1964) y *Star Trek* (1966/1968), así como las tres entregas de «Regreso al futuro» de Robert Zemeckis (1985/1989/1990). Más modernamente el interés de los guionistas se ha dirigido con insistencia al tema de las distorsiones espaciotemporales, las realidades paralelas y el entrelazamiento cuántico. En esa línea se encuentran la saga *The Matrix* de Lana y Lilly Wachoswsky, con sus cuatro entregas (1999/2003/2003/2021), *The 13th Floor* de Josef Rusnak (1999), *ExistenZ* de David Cronenberg (1999), *Donnie Darko* de Richard Kelly (2001), *Fringe* de Jeffrey J. Abrams (2008/2013), *Interestellar* de Christopher Nolan (2014), *Sense8* de L. y L. Wachowsky (2015/2016), *Dark* de Baran bo Odar (2017/2020), entre otras muchas series y películas.

52. *República. Libro VII: Teoría de las Formas.*
    Veinticuatro siglos después, esta visión platónica bien parece una caricatura de nuestro mundo actual
    En efecto, las vidas de la mayor parte de los ciudadanos del mundo desarrollado en el siglo xxi están guiadas mediante dispositivos bidimensionales animados, esto es, pantallas de computadoras, cine y televisión, smartphones, tabletas digitales…

El sabio plantea la dramática situación de unos hombres presos y maniatados en una cueva donde la única luz procede de su embocadura, en la que, además, se encuentra atravesado un muro que no les permite ver cuanto sucede en el exterior. Junto a la entrada de la cueva hay prendida una hoguera, y unos seres desconocidos se mueven frente a ella, proyectando sus sombras cambiantes por encima del muro sobre las paredes y el techo de la cueva. Para esos prisioneros no hay otra realidad que esas sombras. Platón asimila esta alegoría a la vida de los seres humanos, habitando en la sombra de una realidad cuya existencia ni siquiera pueden sospechar.

Una manera geométrica sencilla de ilustrar esa alegoría platónica puede ser la que se muestra en la imagen siguiente:

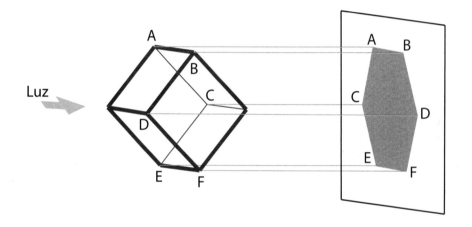

Un hexaedro mostrado en perspectiva es proyectado sobre una pantalla plana, y observamos que en este caso su sombra aparece como un hexágono (ABCDF).

Ambas son visiones reales del mismo objeto, pero con apariencias esencialmente distintas.

De acuerdo con el razonamiento algebraico de la página 226, el Hexaedro (3D) contiene todas las proyecciones posibles del mismo sobre cualquier plano (2D), las cuales pueden ofrecer visiones muy diversas.

Por ejemplo, si la luz se proyecta perpendicularmente a las caras del hexaedro, la proyección obtenida en 2D ya no es un hexágono, sino un cuadrado (LMNP).

Continuando con el lenguaje platónico, para los «prisioneros» de la «cueva», hexagonal o cuadrada, el cubo es simple y llanamente inconcebible.

Su realidad no es más que una proyección 2D de una realidad 3D.

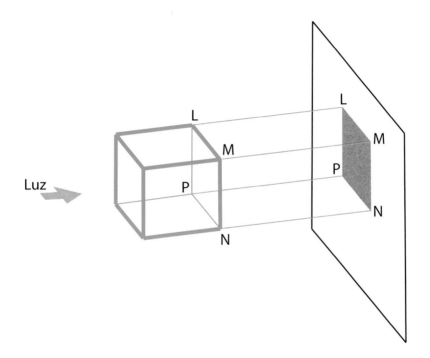

Comprobamos, por lo tanto, que las realidades que podemos captar de una misma cosa varían de modo sustancial dependiendo del punto de vista que adoptemos. Y aun así no podemos asegurar estar percibiendo la realidad, sino proyecciones de la misma.

Esto es así a todos los efectos, tanto a nivel físico y matemático, como a nivel conceptual y filosófico.

Pero además, hay múltiples realidades que nuestros sentidos no pueden apreciar, y solamente sabemos de ellas por la decodificación de las mismas que hemos sido capaces de obtener mediante tecnología. Los ejemplos son innumerables: rayos X, ondas de radio y TV, microondas, ultrasonidos, red wifi, luz infrarroja, luz ultravioleta, etc.

Sin ir más lejos, el sentido de la vista, al que fiamos buena parte de nuestra comprensión de lo que denominamos «realidad», capta apenas una ínfima parte del espectro electromagnético en el que se incluyen las longitudes de onda y las frecuencias[53] que resultan visibles a nuestros ojos.

Más allá de la luz visible, todas las demás radiaciones del espectro anterior son inaccesibles para nuestros cinco sentidos, pero sí que se manifiestan, mediante los dispositivos tecnológicos adecuados, en el espacio-tiempo que los seres humanos percibimos.

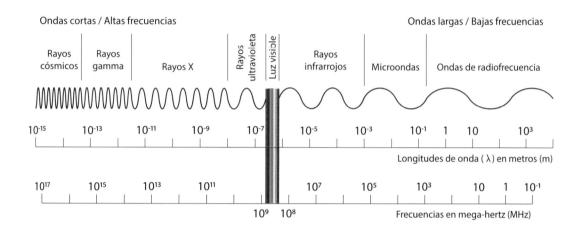

En la Edad Media, por ejemplo, la radiación gamma «no existía», simplemente porque no se disponía del instrumental necesario para proyectarla en el campo dimensional humano, y así poder reconocerla como «realidad».

Los rayos ultravioleta tampoco son visibles para nosotros, pero se manifiestan oscureciéndonos la piel. El hecho de ponernos morenos es un efecto de esa radiación al proyectarse sobre nuestra realidad.

Pensando por analogía, cabe postular que debe existir lo que podríamos llamar Espectro Vital del Ser Humano, en el cual existan realidades que se encuentran más allá de nuestra percepción, y para las cuales no disponemos de aparato decodificador alguno.

---

53. Sistema ondulatorio periódico: movimiento oscilante de las partículas de un medio cualquiera, de modo regular y constante a lo largo de un eje o de un plano de propagación (X).

Longitud de onda (λ): mínima distancia entre dos puntos de un sistema ondulatorio periódico que se encuentran en la misma situación vibratoria relativa. El recorrido de la onda para cubrir esa distancia define un Ciclo, y el tiempo requerido para hacerlo se denomina Período (T). Frecuencia (f): Número de ciclos que tienen lugar por unidad de tiempo en un sistema ondulatorio periódico. Por lo tanto: f = 1/T

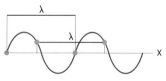

En 1992, el biólogo Bruce Tainio (1944/2009) publicó un estudio analizando las frecuencias vibratorias del cuerpo humano. Según su investigación, la vibración de los distintos órganos en un cuerpo sano varía entre 60 y 80 MHz, y esa frecuencia disminuye paulatinamente según avanza el grado de enfermedad, estableciendo en 20 MHz el inicio del proceso de agonía.

Asimismo Tainio investigó el estado vibratorio de diferentes alimentos, y sus conclusiones han tenido, y tienen, alto predicamento en muchas personas que cuidan la calidad de su alimentación en todo el mundo.

A lo largo del presente ensayo hemos incidido en el hecho de que la geometría conlleva en sí misma el concepto de latido, o respiración.

Desde el punto de vista de la Física, eso se describe como una vibración, esto es un movimiento ondulatorio sinusoidal, como el espectro electromagnético ilustrado en la página anterior.

También hemos visto que los estados vibratorios requieren decodificación para que podamos apreciarlos, sea mediante nuestros órganos físicos naturales, sea mediante aparatos tecnológicos que nos permitan comprender otras frecuencias, otras dimensiones, para nosotros inalcanzables.

Vamos a ilustrar esta circunstancia mediante una alegoría.

Imaginemos que nos encontramos en el interior de una habitación cúbica.

Observamos una de sus paredes, y fabulamos que en ella habita un ser bidimensional.

Él considerará el mundo como plano, finito y cuadrado, más allá del cual no hay nada.

Apoyemos ahora levemente la punta de un dedo de una de nuestras manos sobre esa pared.

El ser plano que vive ahí percibirá una alteración puntual en la pared y se dirá: «Ha surgido una mancha en el mundo». Si retiro el dedo, exclamará, aliviado: «¡La mancha ha desaparecido!».

El ser bidimensional no habrá tenido conciencia de mi existencia, sólo habrá apreciado una momentánea alteración en su mundo.

No obstante, existo.

Si le hablaran de mí, para él yo sería un incomprensible ser extradimensional.

Pero eso no me hace superior a él; yo no puedo entrar en su pared 2D y seguir siendo yo.

Tendría que renunciar a una de mis dimensiones, lo cual se me hace tan inconcebible como a él trasladarse al interior de la habitación cúbica.[54]

---

54. Entre los manuscritos encontrados en las cuevas de Qumrán, concretamente en los libros de Enoc, los Jubileos y los Gigantes, se describe una leyenda que se me ocurre relacionar con esta reflexión, aunque conlleve adentrarme en terrenos de mera especulación.

    En esos libros se alude a unos seres celestiales llamados «Observadores» o «Vigilantes».

También puedo manifestarme en la pared proyectando mi sombra sobre ella.

¿Cuántas posibles sombras de mí puede haber sobre la pared?… Infinitas.

Yo sabré que se trata de mis sombras, mas ninguna de ellas tendrá conciencia de mí.

Una cámara de fotos me proyecta en 2D, un reproductor de video me visualiza en 2D+Tiempo.

Yo me veo ahí, pero esos «yo» proyectados no pueden verme… Ni imaginarme siquiera.

De hecho, no pueden imaginar nada. Con el descenso dimensional se ha perdido la conciencia.

Analizando en sentido contrario, es decir, ascendiendo dimensionalmente, pongamos por ejemplo un escáner. Ese aparato obtiene una visión de mi volumen corporal mediante la suma de múltiples planos yuxtapuestos, pero jamás reproducirá mi ser 3D.

La palabra griega correspondiente es «*egregoroi*», de donde deriva «*grigori*», y finalmente «*egregor*», que hoy en día se interpreta como la manifestación del «inconsciente colectivo» en la realidad material.

Se cuenta que esos seres descendieron de los «Cielos», inicialmente enviados por «Dios» con la misión de ser los guardianes de los seres humanos. Pero sucedió que se enamoraron de las humanas, las cuales engendraron a los míticos «Nephilim», los gigantes «Hijos de los Dioses», presentes con profusión y nombres diversos en las mitologías de muchas culturas.

Se atribuye a esos guardianes la introducción de la hechicería y la corrupción entre los humanos, y pasaron a ser conocidos como «ángeles caídos». Las religiones abrahámicas terminaron haciéndolos responsables de todos los males en la Tierra, y degradándolos a la escala de «demonios».

Pero ¿por qué asociar las proyecciones de cualquier cosa con la bajada de los «Observadores» para convertirse en «Guardianes»?

Antes de responder a eso debo expresar mi convencimiento de que todas las leyendas de las múltiples mitologías conocidas son imágenes metafóricas de alguna realidad incomprendida, es decir interpretaciones fabuladas de un mundo «superior» que se manifiesta parcialmente en el nuestro, provocando en el ser humano visiones fantásticas, e incluso delirantes.

Al proyectar un volumen tridimensional sobre un plano (págs. 229 y 230) vemos que surge una realidad bidimensional en la que se ha perdido muchísima parte de la información contenida en el objeto 3D. Por lo tanto, para recuperar esa información se requieren muchas proyecciones del mismo desde diversos ángulos. E incluso así no nos aseguramos la reconstrucción.

Me explico. Imaginemos una esfera proyectada sobre una pantalla. Sea cual sea el ángulo de proyección, siempre surgirá una elipse, y en el caso de proyectar la luz perpendicularmente a la pantalla, esa elipse será un círculo. Pero por muchas proyecciones que se realicen, no será posible así restituir a la esfera su cuerpo tridimensional. Ésta es la clave por la cual asocio la legendaria caída angelical con el hecho de proyectar una realidad cualquiera sobre una dimensión inferior. Lo que sucede es que surgen nuevas realidades, las proyecciones, y en esa dimensión inferior el ser proyectado pierde su identidad. Por decirlo dramáticamente, la caída a una dimensión inferior conlleva el desmembramiento del ser que cae… Los «ángeles» se convierten en «demonios».

De hecho, en todas las tradiciones religiosas existe una cierta obsesión con la idea de bajar del Cielo a la Tierra (incluso al Infierno) y subir de la Tierra al Cielo. Desde mi punto de vista, esa imagen corresponde a la transformación que experimenta cualquier realidad al ser proyectada sobre otra dimensión. Ahora bien, comprendemos con facilidad la proyección hacia lo inferior (del Cielo a la Tierra), pero nos resulta muy difícil, si no imposible, imaginar la ascensión dimensional.

Otro caso es el que deriva de la técnica holográfica. Un holograma manifiesta un volumen mediante la proyección de una cierta cantidad de imágenes bidimensionales en el espacio tridimensional. Pero ese volumen no es corpóreo, no «es» tridimensional, sólo lo «parece».

¿Podemos concebir un holograma 4D producido por múltiples proyecciones 3D?... Seguro que sí.

¿Y un holograma en 5D generado desde la 4D?... ¿Por qué no?

El pensamiento, sea manifestado como filosofía, literatura o arte, va siempre por delante de la ciencia en el tiempo, puesto que las tres primeras se nutren de la intuición y la lógica, mientras que la cuarta requiere certeza y demostración, lo cual la hace forzosamente más lenta.

Resumiendo esa idea en una frase: en la pseudociencia de hoy se encuentra la física oficial de mañana.

Voy a utilizar ese poder intuitivo y lógico para conjeturar algo sobre lo que merece la pena detenerse: ¿Y si no hay «extraterrestres», sino «extradimensionales»?... Me explicaré.

Cuando se avista un «fenómeno aéreo no identificado» (UAP: *unidentified aerial phenomenon*), como los ha rebautizado recientemente el Pentágono estadounidense, y de pronto desaparece ante los más atentos observadores, puede que el susodicho «fenómeno» continúe ahí, vibrando en unas frecuencias inaccesibles a nuestros sentidos, e invisibles para nuestra tecnología, dejando por lo tanto de proyectarse en nuestra realidad.[55]

---

55. En su célebre libro *Pasaporte a Magonia*, publicado en 1969, el informático, filósofo y ufólogo Jacques Vallée (n.1939) plantea la relación entre los contactos extraterrestres y la mitología de todos los tiempos. Pero no es hasta 1988, en su obra *Dimensiones*, que se arriesga a exponer y defender una hipótesis interdimensional (IDH) de los fenómenos «ovni». Vallée sostiene que ésas son manifestaciones de un universo paralelo al que los seres humanos percibimos, y coexiste con nosotros, materializándose y desmaterializándose a voluntad.

Esta visión se opone frontalmente a la hipótesis extraterrestre (ETH), que todavía constituye la tendencia hegemónica en el entorno ufológico. Por ello Vallée se autocalifica como «hereje para los herejes», puesto que aún hoy la comunidad científica oficial desestima ambas interpretaciones, si bien el desarrollo reciente de la mecánica cuántica está haciendo variar las opiniones de algunos físicos teóricos actuales.

Pero Vallée no estaba solo en su posición. Otros estudiosos se habían aventurado en esa misma dirección antes que él. En 1950, Meade Layne (1882/1961), uno de los primeros divulgadores de los avistamientos ufológicos, ya expresó su opinión sobre el carácter ultradimensional de los mismos. En la década de los sesenta, el periodista John Keel (1930/2009) investigó en profundidad miles de casos, lo cual le llevó a publicar *Operación Caballo de Troya* (1970) y *Las profecías de Mothman* (1975), manifestando ideas parecidas. Incluso un humanista estudioso de las religiones como Jeffrey J. Kripal (n. 1962) se ha adentrado en ese tipo de especulaciones, por ejemplo en su obra *Autores de lo imposible* (2010).

Ahondando en esta temática, cabe citar un documento del año 1947, desclasificado en el 2022 por el gobierno de Estados Unidos, en el que un técnico de la Agencia Central de Inteligencia (CIA) informó lo siguiente: «… Esos seres no provienen de otro planeta tal cual nosotros lo concebimos, sino de un mundo que se interpenetra con el nuestro, y no es perceptible para nuestros sentidos… Esas naves y sus tripulantes poseen una tecnología que les permite entrar y materializarse en nuestro rango vibratorio… y pueden regresar a su mundo a completa voluntad y en cualquier momento, desapareciendo de nuestra visión en un instante…» (Documento n.º 6751, titulado «The Flying Roll. A memorandum of importance», emitido el 8 de julio de 1947 en San Diego, California).

La 3D nos permite concebir con claridad las ideas de «delante/detrás», «derecha/izquierda», «arriba/abajo», y la cuarta dimensión, el Tiempo, sitúa nuestra experiencia en la dicotomía «antes/después». Esos conceptos asociados a la 3D se manifiestan ante nuestros ojos, sin embargo, no podemos «ver» el Tiempo, si bien lo intuimos y lo medimos de forma lineal, del pasado hacia el futuro, o a la inversa, en retrospectiva.

Pero nada percibimos de la 5D, ni de las dimensiones superiores.

No obstante, el «entrelazamiento cuántico» a distancia entre dos partículas, mediante el cual cualquier acción ejercida sobre una de ellas se reproduce instantáneamente en la otra, tiene su explicación si no se concibe esa acción asociada a un desplazamiento, sino como una comunicación interdimensional, o dicho en otros términos, como una comunicación «extra-frecuencial».

Veámoslo mediante un ejemplo:

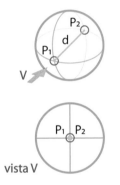

En el dibujo adjunto, los puntos P_1 y P_2 se encuentran en posición opuesta el uno respecto al otro sobre la superficie de una esfera, y por consiguiente la distancia entre ellos es igual al diámetro (d) de dicha esfera. Esto es así en 3D.

Proyectemos ahora esa esfera sobre una pantalla plana (2D) en la dirección de la vista V. En esta situación los puntos P_1 y P_2 se superponen, de modo que la distancia entre ellos se visualiza como nula.

De modo análogo, cabe aventurar que dos partículas alejadas entre sí en 3D, y cuánticamente entrelazadas, pueden verse como una sola, y por lo tanto actuar sincrónicamente en una dimensión inferior.

Y no existe objeción matemática posible que impida concluir que eso también es así entre partículas ubicadas en cualquier otra dimensión.

En mecánica cuántica es el observador quien determina la realidad, o mejor dicho, la manifestación y percepción de la misma.

Si toda realidad se limitara a la 4D, de modo que no hubiera 5D ni ninguna otra superior, estaríamos ante una paradoja matemática y filosófica, puesto que el mero hecho de concebir y manejar el concepto, ya otorga a éste un grado de realidad.

En filosofía se admite que todo aquello que puede ser concebido por el pensamiento es real.[56]

Dicho de otro modo, todo aquello que es experimentado está contenido en alguna realidad, aunque no seamos conscientes de ella. Algunas corrientes incluso mantienen que el pensamiento crea la realidad que percibimos con nuestros sentidos.

La mecánica cuántica matiza esa concepción planteando la realidad como un campo de probabilidades, que se manifiesta de un modo u otro cuando es observada, y donde lo manifestado varía ante cualquier cambio que se produzca en el observador.

Siguiendo esa línea de pensamiento, la realidad no sería creada por el observador, sino escogida por éste entre una infinitud de posibilidades, las cuales también existirán si alguien las observa, sin que el tiempo intervenga en ello para nada. Por lo tanto, serían posibles simultáneamente varias realidades diferentes mediante observaciones distintas.[57]

Admitiendo pues que las realidades 5D han de ser todas ellas proyecciones de una realidad 6D, esa argumentación nos introduce en una cadena dimensional que conduce a una inimaginable dimensión infinita.

Llevando esa deducción al entorno humano, se infiere que debe existir una realidad 5D de la cual cada uno de nosotros es una proyección 4D, y ese «yo» 5D ha de estar contenido en un ser 6D, que también «soy yo», en una espiral sin fin aparente.

Esta lógica permite defender la hipótesis de que un ser humano que tomara conciencia de su multidimensionalidad, podría sentir en sí mismo dimensiones superiores a la 4D.[58]

---

56. «Pienso, luego existo», o bien «Pienso, por consiguiente soy» (en latín: «Cogito, ergo sum», y el original en lengua francesa «Je pense, donc je suis») expresó René Descartes (1596/1650) en su célebre *Discurso del Método*, plasmando la relación causal entre el pensar y el ser, de modo que no es posible lo segundo sin lo primero. Esto es, el pensamiento conlleva la existencia, o mejor la esencia, es decir la conciencia de existir en la realidad.

57. La «Teoría de los Universos Múltiples» de Hugh Everett (1930/1982) postula que cada una de las observaciones posibles de un mismo fenómeno se presenta en un universo distinto, abriendo las puertas de la mecánica cuántica al «Multiverso». De este modo la realidad cuántica no está obligada a colapsar su función de onda para manifestarse, puesto que lo hace en todos los campos paralelos de probabilidad. No obstante, cada observador sólo capta una proyección de la realidad en cada observación que realiza. La computación cuántica está basada en ese modelo conceptual.

58. La expresión «ascender a la 5D» se ha hecho muy común en el movimiento espiritual *New Age* (Nueva Era) para ilustrar el nacimiento de lo que esa corriente filosófica denomina «Nueva Humanidad». Asimismo en ese campo de pensamiento es frecuente escuchar la sentencia «Es necesario vibrar alto». Normalmente, los conceptos de Quinta Dimensión y Alta Vibración (entendiendo esta última como alta frecuencia) van de la mano, y en ocasiones incluso se habla del Humano como un «Ser de Luz», esto es un ser que puede trascender la materia incrementando su frecuencia hasta convertirse en pura luz. Por supuesto, estas ideas se contemplan en ámbitos filosóficos, literarios y religiosos, pero no por parte de las ciencias físicas oficiales.

¿Y cuántos «yo» en 4D son posibles como proyección de mi «yo» 5D?… Infinitos.

Esas proyecciones serán más o menos deformes según sea la orientación del proyector respecto al «objeto» de dimensión superior.

Por lo tanto, si una proyección es regular, simétrica y perfecta, muy probablemente procederá de una realidad supradimensional regular, simétrica y perfecta.

Ahí reside la magia de los Sólidos Platónicos y el encanto de las formas regulares en general, como lo son multitud de construcciones y símbolos profusamente utilizados en todos los ámbitos sociales: arquitectura, diseño industrial, artes plásticas, decoración, publicidad, y también en política, religión, espiritualidad…

Hemos deducido que cada uno de nosotros contiene su realidad 4D, todas sus posibles proyecciones 3D y 2D, y hasta una incómoda 1D, donde nos veríamos reducidos a vivir sobre una recta.

Asimismo esa 1D debería poder proyectarse en la adimensionalidad (0D).

¿Pero qué puede haber ahí?

Esta pregunta conduce a una inquietante sospecha: la Dimensión Cero podría ser la de los recuerdos y los sueños, la dimensión del pensamiento, esto es la dimensión que todo lo contiene y todo origina.[59]

A semejanza de cuando abordamos el tema de la geometría del sistema numérico, lo cual nos llevó a deducir que el «cero» en sí mismo contiene el «todo» (pág. 47), aquí llegamos a una conclusión análoga: la Dimensión Cero contiene cualquier realidad, sólo que a una escala que resulta inaccesible para nuestro nivel consciente. Estamos ante una fractalización diminuta de nuestra realidad, y no obstante, un universo entero podría estar contenido en su interior.

Así como existe un espectro de luz visible para el ojo humano y otro de frecuencias de sonido audibles por nuestro oído, sin duda, existe un espectro dimensional dentro del cual se manifiesta la realidad material del ser humano, incluyendo desde la 1D hasta la 4D, y siendo inmateriales para nosotros todas las dimensiones superiores a la 4D, así como la adimensionalidad (0D), que para muchos sin duda será la dimensión de Dios, la Divina Dimensión.

Todas estas reflexiones nos adentran en el campo de la subjetividad, al menos por el momento, hasta que sea desvelada alguna nueva realidad que, por ahora, permanece oculta al conocimiento humano.

---

59. Max Planck (1858/1947), considerado como el padre de la física cuántica, teoría por la cual recibió el Premio Nobel de Física en el año 1918, se expresaba del siguiente modo: «La materia surge siempre a partir de una fuerza, y tenemos que asumir que en el origen de esa fuerza ha de existir una mente consciente e inteligente. Esa mente es la Matriz de toda materia».

En ocasiones he pensado que este libro debería ser una escultura. No obstante, hay que reconocer que aun así sería incompleto. De hecho, la mayor parte del mismo está ilustrado mediante formas 3D representadas sobre las dos dimensiones del papel impreso o la pantalla digital.

Cualquier objeto tetradimensional (4D), cuantificable por sus medidas de ancho, largo y profundo, más su existencia en el tiempo lineal que desde nuestra realidad concebimos, es solamente una de las infinitas posibles proyecciones de una realidad pentadimensional (5D), la cual a su vez no es más que una proyección de un ser hexadimensional (6D) que…

… Y puesto que no nos es posible concretar esas realidades, será mejor relajarnos y tomar conciencia de que, no obstante ser meras proyecciones de una totalidad inconcebible, asimismo la contenemos.

Vida eterna

Quiero terminar este ensayo lanzando una hipótesis que tal vez sorprenda a algunos, pero pienso que merece ser considerada.

Es harto sabido que la sucesión de Fibonacci describe multitud de procesos de crecimiento en la Naturaleza de nuestro mundo.

Analicemos su constitución numérica mediante las raíces digitales[60] resultantes y sus posteriores reducciones binarias:

1	1	2	3	5	8	13	21	33	54	87	141	228	369	597	... Fibonacci
1	1	2	3	5	8	4	3	6	9	6	6	3	9	3	... Raíces digitales
	2	3	5	8	4	3	7	9	6	6	3	9	3	3	... Reducción 1.ª
	5	8	4	3	7	1	7	6	3	9	3	3	6		... Reducción 2.ª
		4	3	7	1	8	8	4	9	3	3	6	9		... Reducción 3.ª
		7	1	8	9	7	3	4	3	6	9	6			... Reducción 4.ª
			8	9	8	7	1	7	7	9	6	6			... Reducción 5.ª
			8	8	6	8	8	5	7	6	3				... Reducción 6.ª
				7	5	5	7	4	3	4	9				... Reducción 7.ª
				3	1	3	2	7	7	4					... Reducción 8.ª
					4	4	5	9	5	2					... Reducción 9.ª

Ciertamente, no parece propio de la matemática y la geometría comportarse de un modo tan caótico.

---

60. La raíz digital de un número entero positivo cualquiera es la cifra que resulta de sumar sus dígitos reiteradamente hasta dejarlo reducido a un solo dígito.

En cambio, a lo largo de este estudio hemos visto que el desarrollo espiral de la geometría conduce a otra serie numérica bien distinta: la serie geométrica[61] de razón 2 (págs. 161, 167 y 186), que en adelante denominaremos «serie de Goodson». Analicémosla de forma análoga:

1	2	4	8	16	32	64	128	256	512	1024	2048	4096	... Serie de razón 2
1	2	4	8	7	5	1	2	4	8	7	5	1	... Raíces digitales
	3	6	3	6	3	6	3	6	3	6	3	6	... Reducción 1.ª
		9	9	9	9	9	9	9	9	9	9	9	... Reducción 2.ª
			9	9	9	9	9	9	9	9	9		... Reducción 3.ª
				9	9	9	9	9	9	9	9		... Reducción 4.ª
					9	9	9	9	9	9	9		... Reducción 5.ª
						9	9	9	9	9	9		... Reducción 6.ª
							9	9	9	9	9		... Reducción 7.ª
								9	9	9	9		... Reducción 8.ª
									9	9	9	9	... Reducción 9.ª

Surge así un patrón perfecto, que como se ve, conduce a la cifra 9.[62]

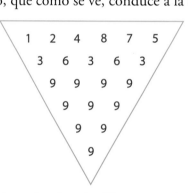

Se trata de una formación triangular de seis cifras por cada lado, y que por lo tanto constituye un triángulo equilátero. Además se configura en seis filas, por lo cual el número 6 es otra clave del modelo.

Pero hay más.

---

61. Toda sucesión numérica en la que cada uno de sus términos resulta de multiplicar su anterior por un número fijo, denominado razón, se conoce como «serie o progresión geométrica».

62. El 9 es la única cifra cuyos múltiplos tienen todos ellos la misma raíz digital: NUEVE
    9 18 27 36 45 54 63 72 81 90 99 108 117 126 135 144 153 162 171 180 189 ...
    Además, el 9 es también la única cifra que no altera la raíz digital de ningún número.

Existe otro patrón interno en esta estructura, el cual conduce a la cifra 3.

En efecto, son 21 cifras (2+1 = 3) dispuestas de manera que la suma de todas ellas es 138 (1+3+8 = 12 → 1+2 = 3)

De este modo, las cifras 3, 6 y 9 (esto es: 3x1, 3x2 y 3x3) constituyen el núcleo conceptual de la formación que ha surgido de la serie de razón multiplicadora 2, y el triángulo equilátero aparece una vez más en el origen de una estructura geométrica.

El gran Nikola Tesla (1856/1943) lo sabía, y lo expresó en su enigmática frase:

«Si conocieras la magnificencia de los números 3, 6 y 9, tendrías la llave del Universo».

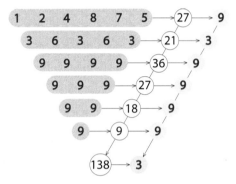

La representación geométrica del modelo numérico que estamos analizando, plasmado esta vez sobre la estructura del eneágono regular, es decir, el polígono de nueve lados iguales, según una disposición propuesta por el propio Tesla, permite dar un paso hacia la comprensión de la frase de este cada vez más reconocido físico e inventor.

A. La unión sucesiva de los términos de la primera fila (1 2 4 8 7 5) dibuja un circuito cerrado que se desarrolla alrededor de los vértices 3, 6 y 9, los cuales a su vez configuran un triángulo equilátero. (Hasta aquí la interpretación de Tesla).

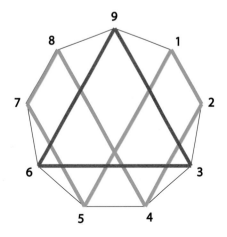

B. Si incluimos el número 10 en el centro de la circunferencia en la que se inscribe el conjunto, se genera un ciclo numérico/geométrico infinito, al cual denominaremos «Patrón de la Eternidad».

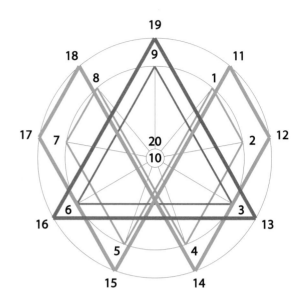

Pensando ahora en 3D, del Triángulo Equilátero 3/6/9 surge el Tetraedro 3/6/9/10, inscrito en una Esfera que constituye la décima superior a partir de la cual se reinicia el sistema, configurando una infinita espiral expansiva.

Así pues, podríamos reformular la frase de Tesla de la siguiente manera:

«Si conocieras la magnificencia del Tetraedro, tendrías la llave del Universo».

Esto no debería sorprendernos en absoluto, puesto que en el presente ensayo ya hemos tenido ocasión de comprobar reiteradamente la posición crucial del Tetraedro en el desarrollo de la geometría tridimensional.

Y si asociamos el Patrón de la Eternidad con la Escala Poliédrica de Goodson (pág. 209), se obtiene la secuencia cíclica de geometrías que se muestra en la ilustración siguiente:

• Esta asociación nos permite ver como el triángulo ABC ascendido a 3D se convierte en un tetraedro, cuyo vértice superior es la esfera originaria, completando así el ciclo de respiración del sistema (pág. 206).

• La secuencia EFGH aporta la rotación y la expansión, y el tetraedro D define la inflexión entre las dos subescalas.

• La esfera constituye el origen de cada uno de los ciclos que permiten el desarrollo indefinido de la escala poliédrica en décimas sucesivas.

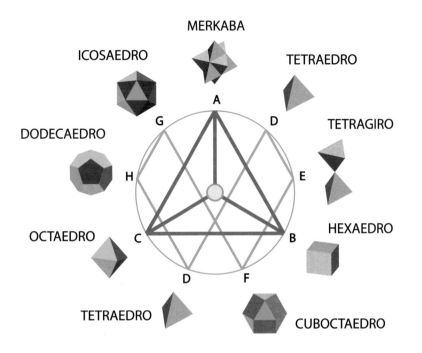

MERKABA

ICOSAEDRO

TETRAEDRO

DODECAEDRO

TETRAGIRO

A

G

D

H

E

HEXAEDRO

OCTAEDRO

C

B

D

F

TETRAEDRO

CUBOCTAEDRO

- Se consigue así un modelo que describe la esencia del desarrollo de la geometría tridimensional.

○	A	B	C	D	E	F	G	H	D
subescala primaria				inflexión	subescala secundaria				inflexión

ESCALA POLIÉDRICA DE GOODSON

Ahora bien, en las páginas 195 y 196 hemos comprobado que las rotaciones del Tetragiro sobre su centro de gravedad, que dan lugar al Cuboctaedro, generan cuatro Toroides.

Asimismo, en las páginas 198 y 199 hemos deducido que el Vórtice de Goodson, originado por la rotación de los dos tetraedros de un Tetragiro respecto al eje longitudinal del mismo, se asemeja al desarrollo en espiral de la mayor parte de las galaxias de nuestro Universo conocido.

Así pues, en lugar de tomar el Icosaedro, y consecuentemente el Dodecaedro, como derivados del Cuboctaedro, cabría redefinir la Escala de Goodson como Universal, donde lo más grande (Vórtice) y lo más pequeño (Esfera) confluyen:

1	2	3	4	5	6	7	8	9	1
Origen 1	Respiración (Vibración)				Rotación		Expansión		Origen 2
ESCALA UNIVERSAL DE GOODSON									

Esto llevaría a concebir la fase de expansión de la escala no como un desarrollo basado en la espiral de Fibonacci (Icosaedro/Dodecaedro), sino creciendo según la espiral de Goodson (Toroide/Vórtice).

De este modo ya no es necesario definir dos subescalas, y la disposición de esos 9 elementos sobre la circunferencia permite descubrir tres triángulos equiláteros, que vistos en 3D pueden ser interpretados como tres posiciones concretas en la rotación de un tetragiro sobre su eje longitudinal.[63]

- ESFERA / OCTAEDRO / CUBOCTAEDRO → 1 / 4 / 7 → 1+4+7 = 12 → 1+2 = 3
- MERKABA / TETRAEDRO /TOROIDE → 2 / 5 / 8 → 2+5+8 = 15 → 1+5 = 6
- HEXAEDRO / TETRAGIRO / VÓRTICE → 3 / 6 / 9 → 3+6+9 = 18 → 1+8 = 9

Llegados a este punto, no puedo menos que exclamar: ¡Gracias, Tesla!

---

63. Esta ordenación propuesta no es más que una de las posibles. En efecto, partiendo de esos nueve elementos, cabría combinarlos con otros criterios, por ejemplo, atendiendo a la frecuencia vibratoria de cada uno de ellos. Pero eso excede las pretensiones del presente ensayo, si bien pudiera ser objeto de investigaciones futuras.

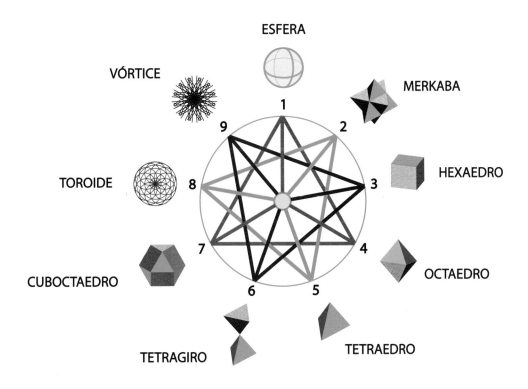

ESFERA

VÓRTICE

MERKABA

TOROIDE

HEXAEDRO

CUBOCTAEDRO

OCTAEDRO

TETRAGIRO

TETRAEDRO

Profundizando en el análisis comparativo de la progresión de Fibonacci y la serie de Goodson, se observa que la primera puede ser considerada una compresión, o deformación, de la segunda.

En efecto, contemplando simplemente los seis primeros términos de cada una de ellas, vemos que la serie de razón 2 ya cuadruplica la de Fibonacci (8x4 =32), y esa divergencia no hace más que crecer de forma exponencial a medida que ambas avanzan.

| 1 | 1 | 2 | 3 | 5 | 8 | 13 | 21 | 33 | 54 | 87 | ... | Progresión de Fibonacci |
| 1 | 2 | 4 | 8 | 16 | 32 | 64 | 128 | 256 | 512 | 1024 | ... | Serie de Goodson |

Visto geométricamente, esto es comparando las dos espirales resultantes (págs. 153 y 162) a partir de un punto de origen común, y siendo la misma la medida del lado del polígono inicial en cada una de ellas, un cuadrado en la de Fibonacci y un triángulo equilátero en la de Goodson, se aprecia claramente la gran divergencia entre ambas.

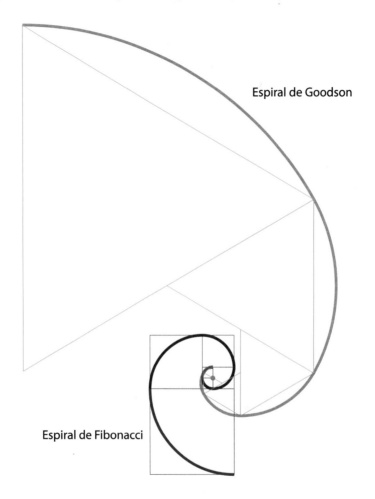

El desarrollo de la vida en la Tierra sigue el patrón de Fibonacci con una notable aproximación, y como sabemos, todo aquello que en nuestro mundo nace está sujeto a un envejecimiento progresivo, y por lo tanto está predestinado a degenerar y morir.

La relación entre los términos respectivos de las dos series numéricas que estamos analizando permite aventurar una explicación, harto osada, justo es reconocerlo, para comprender el proceso de la vida tal como en nuestro planeta la percibimos.

Veámoslo.

Tomemos el primer término de cada una de ellas, y calculemos su cociente: 1/1 = 1
Hagamos lo mismo con los segundos: 1/2 = 0,5
Ya continuación con los terceros: 2/4 =0,5
Procediendo de este modo sucesivamente, obtenemos una secuencia de resultados que desciende con rapidez:

1 0,5 0,5 0,375 0,3125 0,25 0,203 0,164 0,129 0,105 0,085 0,069 0,056 0,045 …

Esto es así porque, como hemos comprobado en la página anterior, la sucesión de Fibonacci, y su espiral, progresan mucho más lentamente que la serie de razón 2 y la espiral de Goodson.

Llegados a este punto, considerando el desarrollo de Fibonacci como natural en nuestro Mundo, y el de Goodson como propio de la estructura interna de la Geometría, cabe hacer la analogía entre esa progresión descendente obtenida y el proceso de crecimiento, maduración y envejecimiento de los seres vivos en la Naturaleza que conocemos.

Tomando como referencia una vida humana, el siguiente cuadro describe bien esa analogía.

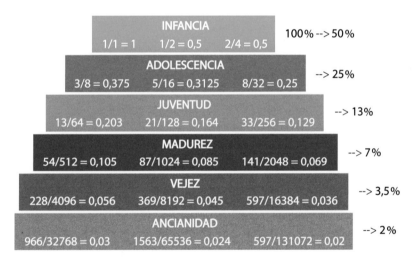

Vemos que el límite de esa sucesión numérica es cero, que sería la muerte.
Pero dado que la secuencia de fracciones es infinita, la muerte absoluta no se produce.
Siempre queda algo de Vida en la Muerte.
Tal vez sea la energía del Alma, la semilla inmortal de la que surge una nueva vida… Tal vez.
Y no me resisto a finalizar con una ciertamente inquietante pregunta:

¿Acaso si el crecimiento natural de la vida en nuestro mundo siguiera la serie geométrica de razón 2, esto es la espiral de Goodson, entonces todo lo creado de acuerdo con ese patrón jamás enfermaría y sería inmortal?

Bibliografía y enlaces web

Bibliografía

Los elementos de Euclides
Pedro M. González Urbaneja
Edit. Federación Española de Sociedades
   de Profesores de Matemáticas (2018)

Platón. La República (Libro VII)
Carlos Roser Martínez
Editorial Diálogo (1999)

Platón. Timeo
José M.ª Zamora Calvo
Editorial Abada (2010)

Los sólidos Pitagórico-Platónicos
Pedro M. González Urbaneja
Edit. Federación Española de Sociedades
   de Profesores de Matemáticas (2021)

La Proporción Áurea
Mario Livio
Editorial Ariel (2006/2008)

The Book of Phi (**8 vols.**)
Jain 108 (2016/2017)

La Proporción Áurea
La divina belleza de las matemáticas
Gary B. Meisser
Editorial Librero (2019)

Sacred Geometry
Robert Lawlor
Thames and Hudson (1982)

El secreto ancestral de la Flor de la Vida
   (**2 vols.**)
Drunvalo Melchizedek
Arkano Books (2013/2015)

Geometría Sagrada
Descifrando el código
Stephen Skinner
Gaia Ediciones (2013)

Sacred Geometry
An A-Z reference guide
Marilyn Walker
Rockridge Press (2020)

Fractals
Form, Chance and Dimension
Benoît B. Mandelbrot
W.H. Freeman & Co (1977)
Echo Point Books & Media (2020)

La geometría fractal de la Naturaleza
Benoît Mandelbrot
Tusquets Editores (1997/2021)

Classics on Fractals
Gerald A. Edgar
Perseus Books (1994)
CRC Press (2021)

Fractal Geometry
In Architecture and Design
Carl Bovill
Springer Science+Business Media (1996)

Sobre el crecimiento y la forma
D'Árcy Wentworth Thomson
Ediciones Akal (2011)

Los secretos del Infinito
Antonio Lamúa
Ilus Books (2017)

En busca del Cero
Amir D. Aczel
Intervención Cultural
Biblioteca Buridán (2016)

Buckminster Fuller's Universe
Lloyd Stephen Sieden
Basic Books (2000)

The Mystic Spiral
Jill Purce
Thames and Hudson (1975)

Corpus Hermeticum
Hermes Trismegisto
Sincronía Editorial (2016)
Editorial EDAF (2021)

El Kybalion
Tres Iniciados
Editorial Sirio (2008)

El secreto del Universo
Misterium Cosmographicum
Johannes Kepler
Alianza Editorial (2014)

Planilandia
Una novela de muchas dimensiones
Edwin A. Abbott
Editorial Olañeta (2014)

Traité élémentaire de géométrie à quatre dimensions
Esprit Jouffret
Gauthier-Villars Libraire (1903)
Google Books (2009)

Relatos científicos
Charles H. Hinton
Editorial Siruela (1986)

Gesammelte mathematische Ablandlungen (**3 vols.**)
Ludwig Schläfli
Editorial Birkhäuser (1950/1953/1956)

Pyramid Power
The Science of the Cosmos
Dr. G. Patrick Flanagan
Pyramid Publishers (1974)
CreateSpace (2016)

Pyramid Power
The scientific evidence
Dr. G. Patrick Flanagan
Pyramid Publishers (1975)
CreateSpace (2017)

Beyond the Pyramid Power
Dr. G. Patrick Flanagan
Pyramid Publishers (1975)
CreateSpace (2016)

Pyramid Power
The Secret Energy of the Anciens
Max Toth & Gregg Nielsen
Warner Destiny Books U.S. (1985/1999)

The Healing Power of Pyramids
Joseph A. Marcello
CreateSpace (2017

La Doctrina Secreta (**6 vols.**)
Helena P. Blavatsky
Equipo Difusor del Libro (2022)

La Cuarta Dimensión
Rudolf Steiner
Editorial Antroposófica (2016)

Fundamentos de Filosofía
Bertrand Russell
Booket – Grupo Planeta (2021)

Arquetipos e Inconsciente Colectivo
Carl G. Jung
Ediciones Paidós (2009)

El Hombre y sus símbolos
Carl G. Jung
Ediciones Paidós (1995/2023)

El cerebro consciente
Jacobo Grinberg-Zylberbaum
Editorial Trillas (1979)
CreateSpace (2021)

Caos
La creación de una ciencia
James Gleick
Editorial Seix Barral (1998)
Editorial Crítica (2012)

¿Qué es la vida?
Erwin Schrödinger
Tusquets Editores (2015)

Physics and Philosophy
Werner Heisenberg
Harper Perennial (2007)

Superstring Theory
25th Anniversary edition (2 vols.)
M.B. Green / J.H. Schwartz / E. Witten
Cambridge University Press (2012)

Un viaje por la gravedad y el espacio-tiempo
John A. Weeler
Alianza Editorial (1994)

Seis piezas fáciles
Richard P. Feynman
Drakontos (1998)
Crítica- Grupo Planeta (2022)

El Universo holográfico
Michael Talbot
Editorial Palmyra (2007)

Hiperespacio
Michio Kaku
Booket – Grupo Planeta (2012)

La ecuación de Dios
Michio Kaku
Debate – Penguin Books (2022)

El Universo elegante
Brian Greene
Booket – Grupo Planeta (2012)

El tejido del Cosmos
Brian Greene
Crítica – Grupo Planeta (2016)

El camino a la realidad
Roger Penrose
Debate – Penguin Books (2006)

Ciclos del tiempo
Roger Penrose
Editorial DeBolsillo (2011)

Brevísima historia del tiempo
Stephen Hawking
Editorial Crítica (2015)

El gran diseño
Stephen Hawking
Editorial Crítica (2010)
Crítica – Grupo Planeta (2019)

La realidad cuántica
Andrés Cassinello
Editorial Crítica (2013)

Nuestro universo matemático
Max Tegmark
A. Bosch Editor (2015)

Spacetime and Geometry
Sean M. Carroll
Cambridge University Press (2019)

El laberinto cuántico
Paul Halpern
Crítica – Grupo Planeta (2019)

De la nada a los infinitos multiversos
Pedro Blanco Naveros
Corona Borealis (2019)

Cosmometría
Marshall Lefferts
Cosmometria Publishing (2022)

Helgoland
Carlo Rovelli
Editorial Anagrama (2022)

Enlaces web

Movimientos en el plano
www.youtube.com/watch?v=1qpeZwXspZI&ab_channel=EduMates
EduMates – Antonio Pérez Sanz (2012)

El Número Áureo
www.youtube.com/watch?v=cBCxWKr-dlc&t=331s&ab_channel=EduMates
EduMates – Antonio Pérez Sanz (2012)

Fibonacci. La magia de los números
www.youtube.com/watch?v=x7doG3t03Ck&ab_channel=EduMates
EduMates – Antonio Pérez Sanz (2012)

El mundo de las espirales
www.youtube.com/watch?v=rHEgH6BP_bc&t=564s&ab_channel=EduMates
EduMates – Antonio Pérez Sanz (2012)

El toroide áureo y la espiral infinita
www.youtube.com/watch?v=EdDrVYpP_Co&abchannel=JavierRoma%C3%B1ach
Javier Romañach (2013)

Fractales: la geometría del caos
www.youtube.com/watch?v=ngfPwaHJfYo&ab_channel=EduMates
EduMates – Antonio Pérez Sanz (2012)

Fractales. A la caza de la dimensión oculta
www.youtube.com/watch?v=KKAb_oxKcoU&t=460s&ab_channel=EduMates
Michael Schwarz – Bill Jersey
WGBH Educational Foundation and
The Catticus Corporation (2008)
EduMates – Antonio Pérez Sanz (2016)

Geometría Sagrada
sacred-geometry.es
Jordi Solà-Soler (2012)

Dimensiones. Un paseo matemático

(1) dimensions-math.org/Dim_E.htm

(2) dimensions-math.org/Dim_CH1_E.htm

(3) dimensions-math.org/Dim_CH2_E.htm

(4) dimensions-math.org/Dim_CH3_E.htm

(5) dimensions-math.org/Dim_CH5_E.htm

(6) dimensions-math.org/Dim_CH7_E.htm

(7) dimensions-math.org/Dim_CH9_E.htm

(8) www.youtube.com/embed/zL3olJKXQo0?list=PLw2BeOjATqrsZAYGGJTbAWkhKE
    V7C44nk

Jos Leys – Éthienne Ghys – Aurélien Alvarez

Creative Commons (2008/2010)

La Geometría se hace arte

www.youtube.com/watch?v=baSuNdUk1BI&t=26s&ab_channel=EduMates

EduMates – Antonio Pérez Sanz (2012)

¿Cómo funciona un transformador toroidal?

www.youtube.com/watch?v=tlySqNQXA1Y&ab_channel=VirtualBrain

Virtual Brain – PCBWay (2010)

Nassim Haramein · Cognos 2010 (Barcelona)

(1) www.youtube.com/watch?v=9SmwgruIZ9k&ab_channel=YogayArte

(2) www.youtube.com/watch?v=mKcPri4z8GI&ab_channel=YogayArte

(3) www.youtube.com/watch?v=G-hrJlmtffU&ab_channel=YogayArte

(4) www.youtube.com/watch?v=AdHPMXcXLfE&ab_channel=YogayArte

(5) www.youtube.com/watch?v=gJbUhLiw0mk&ab_channel=YogayArte

(6) www.youtube.com/watch?v=sdIYlKWs1t0&ab_channel=YogayArte

The Resonance Project / R-evolucio / La Caja de Pandora (2010)

Curso de Ciencia Unificada RSF

(1) www.youtube.com/watch?v=QNyrCamTTBo&t=4629s&ab_channel=ResonanceScie
    nceFoundation-Español

(2) www.youtube.com/watch?v=bsFw8Z5UWLY&t=4302s&ab_channel=ResonanceScie
    nceFoundation-Español

(3) www.youtube.com/watch?v=ycJSKKkVl-g&ab_channel=ResonanceScienceFoundati on-Español

(4) www.youtube.com/watch?v=fL2f2basZY4&ab_channel=ResonanceScienceFoundati on-Español

(5) www.youtube.com/watch?v=hptMIEBsSNw&ab_channel=ResonanceScienceFoundati on-Español

(6) www.youtube.com/watch?v=ZDjSTSQlzXk&ab_channel=ResonanceScienceFoundati on-Español

Nassim Haramein

Resonance Science Foundation (2020)

ÍNDICE